THE NEUROTIC PERSONALITY OF OUR TIME

KAREN HORNEY

L O F T
有质量的心理阅读

我们时代的神经症人格

[美] 卡伦·霍尼 著
叶颂寿 译

上海译文出版社

图书在版编目(CIP)数据

我们时代的神经症人格/(美)霍尼(Horney, K.)
著;叶颂寿译. —上海:上海译文出版社,2016.7(2024.3重印)
(Loft)
书名原文:The Neurotic Personality of Our Time
ISBN 978-7-5327-7116-5

Ⅰ.①我… Ⅱ.①霍… ②叶… Ⅲ.①病态心理学—
研究 Ⅳ.①B846

中国版本图书馆CIP数据核字(2015)第286302号

Karen Horney
The Neurotic Personality of Our Time

我们时代的神经症人格
[美] 卡伦·霍尼/著 叶颂寿/译
责任编辑/李 洁 装帧设计/未氓设计工作室

上海译文出版社有限公司出版、发行
网址:www.yiwen.com.cn
201101 上海市闵行区号景路159弄B座
山东韵杰文化科技有限公司印刷

开本787×1092 1/32 印张9 插页5 字数140,000
2016年7月第1版 2024年3月第3次印刷
印数:5,501—7,000册

ISBN 978-7-5327-7116-5/B·418
定价:55.00元

目录

1 导　论

7 第一章　神经症的文化与心理内涵

24 第二章　为何谈起“我们时代的神经症人格”

34 第三章　焦虑

53 第四章　焦虑与敌意

71 第五章　神经症的基本结构

93 第六章　对爱的病态需求

106 第七章　再论对爱的病态需求之特点

125 第八章　获得爱的方法及对拒绝的敏感性

136 第九章　性在爱的病态需求中的作用

150 第十章 对权力、声望及财富的追求

174 第十一章 病态竞争

192 第十二章 逃避竞争

214 第十三章 病态的罪恶感

241 第十四章 病态痛苦的意义——受虐狂问题

263 第十五章 文化与神经症

272 译后记

导　论

我在撰写这本书时，脑海中所想到的目的，乃是要对生活在我们中间的神经症患者加以精准的描述，以便让我们更彻底地了解他们，了解那些实际推动他的行为的内心冲突，了解他的焦虑不安、他的痛苦，以及他在与人或与己关系中所产生的诸多困扰。在本书中，我并不打算讨论任何特定的一种或几种类型的神经症，而只是把我的笔集中于表现在我们这个时代的所有神经症患者身上的性格结构。

本书重点在于实际存在的冲突，以及神经症患者设法解决冲突的病态尝试；在于他实际存在的焦虑不安，以及他为抵抗不安所建立的防御。这种对实际情境的强调，并不表示我忽视了这种观点，即神经症在本质上，乃是从早年儿童时期的经验发展形成的。不过我与许多心理分析家最大的不同，是我不认为把我们的注意力全部集中于童年时期是适当的，我认为他们的说法根本是片面的说辞；而且他们把成长后的反应，本质上当作早期经验的重现。我要指出，儿童时期经验与成长后的内心冲突之间的关系，比心理分析家们一般所假定的更为错综复杂。那些心理分析家只宣扬了单纯的因果关系。虽然在神经症患者身上，童年的经验提供了决定性的情境，然而它们却绝不是成年后心理困扰的唯一原因。

当我们集中注意力于实际的精神困扰上时，我们发现神经症不只可以由偶发的个人经验所引起，同时也可以由我们所生存的特定文化情境所激发。事实上，这种文化情境不只给个体经验涂上各种色彩及浓度，影响了个人的经验，而且分析到最后会发现，文化情境也决定了它们的特定形式。举例而言，拥有一位喜好统治或一位“自我牺牲”的母亲，乃是个人的命运，但是只有在特定的文化情境之下，我们才会发现统治成性或牺牲自我的母亲，而且也只在这些文化情境的存在下，这种经验才会对患者后来的人生产生影响。

当我们了解了文化情境对神经症的重要影响后，弗洛伊德所认为是神经症之根本原因的生物情境与生理条件，才不会有显著的地位。这些后述因素的影响必须提供合理的证据，才可以加以考虑。

我的这种思想倾向，使我对神经症中的许多基本问题，获得崭新的阐释。虽然这些阐释牵涉许多不同的问题，例如性受虐狂，对爱之病态需求的内涵，病态的罪恶感之意义等问题，它们却都具有一个共同基础，即皆强调焦虑在产生神经症人格倾向中所占的决定性地位。

由于我的许多解释都与弗洛伊德的学说大异其趣，一些读者可能怀疑这是否还算是心理分析。其答案有赖于你们对心理分析的基本理解。假如人们相信心理分析乃是完全由弗洛伊德提出的全部理论所构成，那么我在本书所陈示的就不是心理分析。然而，如果你们相信心理分析的本质，在于某些讨论无意识过程的作用，以及它们的表现方式，并在于一种使这些历程意识化的心理治疗术，那么我所陈示的就是心理分析。我相信严格笃信弗洛伊德的所有理论分析，会使人只接受弗洛伊德学说所希望人们去发现的，因而未能完全了解的神经症。这是停滞的危险。我相信对弗洛伊德的伟大成就之真正尊敬，乃是应该在他所奠定的基础上，更进一步加以建设扩充。只有如此，我们才可能完成心理分析在未来成为一种理论及治疗方法的使命。

这些观点也回答了另一可能提出的问题：我的学说是否属于阿德勒学派。我的理论与阿德勒所强调的某些主张有一些相似，但在基本上，我的解释是建立在弗洛伊德所奠定的基础之上的。事实上，阿德勒的一些理论，可以当作一项精彩的实例：即使一位如此富有创造力、充满洞见睿智的人，如果他对心理程序的洞见片面地探求，且不根据弗洛伊德的基本发现，也将会变得一无所获。

由于本书的主要目的，并不是为了澄清在哪一方面，我同意或不同意其他心理分析学家的见解。因此我在全书中，只把自己的论点提示出来，只在自己理论与弗洛伊德的意见完全相左之处才稍作讨论。我在本书中所陈示的，乃是我对神经症进行长期的心理分析探究后，所获得的印象。为了展示我的理论所依据的一切材料，我按理应在本书中罗列许多详细的个案史，但这种措施在一本讨论神经症的一般问题的书中，实在是繁重不便。然而，即使缺乏这些材料，专家也可以验证我的见解之正确性，甚至外行人也可以拥有这份能力，如果他是个仔细的观察家，他可以把我的假设与他自己的观察与经验加以互相比较参照，并且根据这一比较而予以拒绝或接受、修正或强调我的观点。

本书乃是以人人皆懂的日常语言撰写而成，同时为了保持清晰明畅，我尽量避免节外生枝，讨论太多的分类条目。同时我尽可能地避免使用专门术语，因为这种术语往往会容易使人的思路混淆不清。因此可能给许多读者，尤其是外行人留下一种印象，神经症人格的问题十分易懂。然而这是一个错误的结论，甚至是危险的结论。我们必须明白一个事实，即所有的心理问题必然是相当错综复杂且奥妙难解的。如果有人不愿意接受这一事实，那么他最好不必读这本书，因为恐怕他会发现自己正身处迷宫，并且为了未能看到简单易懂的公式而感到失望。

本书不只是写给有兴趣的外行人看，也是写给那些专业探讨、治疗神经症的人，以及熟悉神经症所包含的问题的专家看的。在这些人中，不只是包括了精神病学家，也包括了社会工作者及教师，以及一些具有远见的人类学家与社会学家，他们已开始明白在探究不同文化上，心理因素的重要性。最后，我希望本书对神经症患者本身，也有一些意义及重要性。假如他不在原则上拒绝任何心理学的思想，并不把它当作一种入侵或强加，那么他就比他那较为健康的兄弟，更能根据自己的痛苦经验，对错综复杂的心理有更深入彻底、敏锐优越的了解。不幸的是，阅读有关自己的情境，并不会使他痊愈。他所读到的，见于别人之处的多于见之于自己的。

我愿借此机会，表达我对伊丽莎白·托德小姐的感激，是她编辑了本书。我所必须感谢的作家们的名字，我在书的内容中已分别提到。我的最大感激，必须给予大师弗洛伊德，因为他提供给我们基础及工具，使我们能将之发挥。也感谢我的病人们，因为无论我对他们有何了解，都是我们彼此共同发现的。

第一章　神经症的文化与心理内涵

在今日，“神经症”一词真是到处流行，无处不见。然而不幸的是，我们往往对它所意指的意义毫无清楚观念。常常这名词所表示的只不过是人们表达否定意见的文雅说法而已：那些以前常被称作懒惰、敏感及贪婪或疑心过重的人，现在皆已被称为“神经症”。然而当我们使用这名词时，我们的确还是意有所指的，尽管对这一点我们尚不太清楚，我们却运用了某些标准来决定我们的选择。

首先，神经症患者在他们对事物的反应上，与一般人便大不相同。例如一位少女甘居下游、不求上进，拒绝获得更多的薪酬，也不希望与她的上司协调一致，如此我们将会倾向于把她称作神经症。或者有一位艺术家一星期才赚 30 块钱，虽然如果他花更多时间在他的工作上，就可以赚得更多，但他却不愿如此努力工作；而宁愿以此微薄收入尽情享受人生，并且把他的大部分时间花在追逐女人或沉迷于一些玩物丧志的雕虫小技中，我们也会认为这位艺术家是个神经症患者。我们所以会称这种人为精神不正常的理由，乃是我们大多数人熟悉、而且只熟悉那一种鼓励吾人征服世界，做人上人，争名夺利，尽量赚比生存需要更多的金钱的生活方式或行为模式。

这些实例显示出我们指称一个人为神经症患者之准绳乃是这个人的生活方式，是否符合我们今日或这时代所公认的行为模式。如果这毫无竞争欲望与上进之心，或多少没有明显竞争欲望的女孩子，乃是长在普韦布洛(Pueblo)印第安文化里，那么她将被视为完全正常，不值得大惊小怪；或者假使那位艺术家乃是居住于意大利南方的小村落中，或墨西哥，他也会被视为毫无异常之人。因为在这些环境或文化中，一般人皆认为除了满足日常生活之绝对需求外，吾人并不必去获取更多的金钱或付出更大的努力，安分守己是理所当然的。如果回溯更古远的历史，我们会发现在古希腊时代，为了获取超过日常需要的财物而工作过度的人，会被认为是下贱的人。

因此神经症这一名词，虽然在本源上是医学术语，却必须根据它的文化内涵来使用。我们可以对病人的文化背景一无所知，而诊断他的腿骨是否断裂，但是我们如果把一个印第安少年诊断为精神病患者，只因为他告诉我们他看见了幻象，并且深信此幻象之真实存在，那么我们就是在冒很大的风险，而且是危言耸听。[1]因为在这些印第安人的特殊文化里，对幻象及幻觉的体验乃是一种无上荣耀，是天生禀赋，是精灵所赋予他的最大福祉。同时具有这种异禀奇能的人，可以获得许多荣耀声望，他在族中之地位及权力亦可因之大为增高。我们之中如果有人声称曾与自己已逝世多日的祖父交谈，那么他将被视为精神病患者或神经症患者。然而在某些印第安部落里，这种与祖先或古人交谈灵语的行为却是公认的方式。又如，如果有人在听到别人提起自己已逝亲属的名字时感到恼怒，我们一定会认为他是个神经症患者，然而在阿帕奇印第安人文化中，这种人却是绝对正常的。[2]又如一个男人遇到一位正在经期中的妇女就感到惊慌失措或深感恐惧，那么我们也会视之为神经症。然

---

① 参见斯库德尔·麦琪（H. Scudder Mekeel）的《医生与文化》（"Clinic and Culture"）一文，载于《变态与社会心理学学报》（*Journal of Abnormal and Social Psychology*）第30卷，1935年版，第292~300页。

② M. E. 奥普勒（M. E. Opler）：《对两个美国印第安部落的矛盾情感的解析》（"An Interpretation of Ambivalence of Two American Indian Tribes"），载于《社会心理学学报》（*Journal of Social Psychology*）第7卷，1936年版，第82~116页。

而在这些原始部落中，对经期女人或月经的恐惧，乃是正常而不值得惊奇的态度。

人们对何谓正常，何谓不正常的观念，不仅因许多不同文化而大相径庭，南辕北辙，甚至在同一文化中的不同时代里，也会有不同的意见。比如说在今日，如果一位成熟而独立的妇女认为自己乃是一位“堕落的女人”、“不值得高贵绅士去爱”，只因为她曾有过性关系，那么她会被疑为神经症患者，至少在许多社交圈子里如此。而事实上，这种罪恶感的态度，在40年前乃是被认为理所当然的正常之事。对正常的观念也随不同的社会阶级而有所不同。比如说，封建阶级的成员，认为男人悠闲自在，整日游手好闲，只有在行猎或作战时才活跃，乃是十分正常的。然而小资产阶级出身的人，如果表现出这种态度或过这种生活，那么一定会被认为是不正常。这种特异性也依据性别之不同而存在，只要在一种社会中这种性别之分存在着——例如西方文化中，男人与女人一般被认为具有完全不同的气质性格。对一位已接近40岁迟暮之年的妇人来讲，恐惧衰老之情乃是“正常”的、理所当然的，然而一位40出头的男人，如果对这种年岁神经过敏或愁眉苦脸，却是不正常的、脑筋有问题的。

在某些方面，或多或少，每位受过教育的人，皆知道我们所谓的正常，有许多不同的理解或解读。我们知道中国人的饮食习惯与我们大不相同；也知道爱斯基摩人对洁净的观念与我们南辕北辙；还知道古代巫医们治疗病人的方法，与现代医生治疗病人之方法完全两样。然而，不只在风俗习惯上有所不同，甚至在动机及感情上也有许多不同，但这却不为一般人所了解，虽然这一点曾为一些人类学家们在他们的著作中或含蓄或直白地指出过。①正如人类学家萨丕尔（Sapir）所说的，现代人类学的贡献之一，乃是不断地重新发现“正常”的意义。②

理由十分充分，每一种文化皆倾向于相信它自己的情感及动机乃是“人性”正常的表达方式。③甚至在心理学上，也无法避免这一倾向。例如，弗洛伊德从他的观察中获得结论，认为女人比男人更善于嫉妒，并且试图从生物的一般现

① 参见人类学文献在这一方面的精妙阐述：玛格丽特·米德（Margaret Mead）：《在三个原始社会中的性和气质》（*Sex and Temperament in Three Primitive Societies*）；鲁思·贝内迪克特（Ruth Benedict）：《文化模式》（*Patterns of Culture*）；A. S. 哈洛韦尔（A. S. Hallowell）即将发表的著作：《民族学领域作家的精神分析指导手册》（*Handbook of Psychological leads for Ethnological Field Workers*）。

② 爱德华·萨丕尔（Edward Sapir）：《文化人类学与神经症学》，载于《变态与社会心理学学报》第27卷，1932年版，第229～242页。

③ 参见鲁思·贝内迪克特的《文化模式》一书。

象中寻找根据。[1]弗洛伊德似乎假定所有人对谋杀都会有一种罪恶感。[2]然而，毫无疑问，人们在谋杀或杀人的态度上却存在着很大的差异。正如彼得·弗罗伊希(Peter Freuchen)所指出的，爱斯基摩人不觉得杀人者必须加以处罚。[3]在许多原始部落或初民社会中，某一家族受到伤害或其中成员为外来人所杀害，这种损害可以由某一代替物补偿。在某些文化中，如果儿子被杀害，那

---

① 在他的论文《两性生理解剖之不同的一些心理结果》中，弗洛伊德曾提出一种理论，认为生理解剖上的性器差异，不可避免地使每个少女都嫉妒男孩子身上有阳具。后来，她希望拥有一具阴茎的愿望，转化成希望占有一位带有阴茎的男人。因此她会对其他女人感到嫉妒，嫉妒她们与男人的关系——更正确地说，嫉妒她们占有男人——正如她早期嫉妒男孩子拥有一具阴茎一样。在这种主张中，弗洛伊德感受了他那时代的风气影响：对全部人类的人性都予以概括性的论断，虽然他的概括理论只是从观察某一文化区域而获得的。

人类学家不会质问弗洛伊德之观察的可信性。他会把它们当作某一时代、某一文化的某一部分人口的有效解释。然而，他会质问弗洛伊德的概括化的可信性，指出在人们的行为中，存在着不尽的差异，他们对嫉妒的态度有所不同，例如有些社会当中，男人比女人更易嫉妒，有些社会是两性都甚少嫉妒，还有一些社会中两性都不寻常地充满嫉妒。在了解了这些不同后，他会拒绝弗洛伊德——或任何人——的把自己的观察建基于解剖学上的性差异。相反地，他会强调生命情境的不同与它们对男女嫉妒心之发展的影响及必要性。例如，在我们的文化内，他们将会问道，弗洛伊德的理论，虽然对我们文化的女性神经症患者来说是真实的，但它是否适用于我们文化中的正常女人身上。我们必须问及这一问题，因为心理分析师，在每天和神经症患者的接触中，却常常未能看出下述事实，即正常人也存在于我们的文化中。我们还必须问道，产生嫉妒或占有异性的心理条件是什么，同时在我们的文化中，男女的生活的情境有什么不同，使他们在嫉妒心的发展上产生差异?

② 西格蒙德·弗洛伊德：《图腾与禁忌》。

③ 彼得·弗罗伊希：《北极探险与爱斯基摩人》(*Arctic Adventure and Eskimo*)。

么做母亲的悲痛心情，可以借收养凶手为子女而获得弥补。[①]

假使我们更进一步探讨人类学上的发现，必然会明白我们对人性的某些概念是十分幼稚的。例如我们认为互相竞争、兄弟阋墙、夫妻恩爱乃是天生的人性就是没有根据的。一般言之，我们对“正常”的概念取向，乃是根据特定社会所加诸其成员的某些行为和感觉标准而定的。然而事实上，这些标准都是因文化、时代、阶级和性别不同而不同的。

这些认识对心理学而言，有比表面上更深入的内涵。由此认识之结果，乃是会使吾人怀疑心理学之无所不知。我们在自身文化中与其他文化中发现相似的行为或生活方式，并不能使我们由此推断两者是基于相同的动机。认为新的心理学上的发现可以揭露出人性中的普遍共同性质，也是不可靠的观念。这一切皆证明了某些社会学家们一再告诉我们的：事实上并没有放诸四海皆准、对所有人类皆合适的正常心理学。

然而，这种限制却可以使我们以更开放的视角来理解人性，这些人类学说的基本内涵，乃是我们感情及态度的绝大部分是被我们生存的环境所塑造的，是受文化或个体环境所交互影响的。这一点的另一意义，乃是表示假使我们知道我们所生活的文化环

① 罗伯特・布里福（Robert Briffanlt）：《母亲们》（*The Mothers*）。

境是什么，那么我们就能够更深刻、更透彻地了解正常感情及态度的特殊性质。同时，只要神经症是正常行为方式的偏差表现，我们就能够更深刻透彻地了解它的原因及性质。

一方面，我们的见解是追随弗洛伊德所走过的路，展示一个了解神经症的未知世界。虽然在理论上，弗洛伊德把我们的特异性格溯源至生物天生的本能，但他也强调了下述见解——在理论上，特别是在实际上——我们不可能了解神经症患者，除非我们能详细深入地了解这个人的生活环境，尤其是在儿童期早年所受到的感情影响。把这相同的原理应用到某一既存文化的正常的及病态的人格结构问题上，就表示除非我们透彻了解特定文化对个人的影响，[①]否

---

① 很多学者都把文化因素的重要性视为心理学情境的决定性的影响。埃里希·弗洛姆(E. Fromm)的《论基督教义的产生》(*Zur Entstehung des Christusdogmas*)(载于 *Imago*，第 16 卷，1930 年版，第 307 ~373 页)是提出并阐述这种方法的第一篇精神分析的德语文献。其后其他学者继续此一工作，例如威廉·赖希(Wilhelm Reich)和奥托·费尼谢尔(Otto Fenichel)。在美国，哈里·斯塔克·沙利文(Harry Stack Sullivan)是第一个看到神经症学必须考虑文化内涵的人。另外的一些美国神经症专家也提到了这个问题，他们包括：阿道夫·迈耶(Adolf Meyer)、威廉·怀特(William A. White)的《20 世纪的精神病学》(*Twentieth Century Psychiatry*)、威廉·希利(William A. Healy)和奥古斯塔·布朗纳(Augusta Bronner)的《关于失职的最新启示》(*New Light on Delinquency*)。最近，有些心理分析学家，诸如弗兰茨·亚历山大(Franz Alexander)和 A. 卡丁纳(A. Kardiner)，已经开始对心理学问题的文化内涵发生兴趣。在社会学家中，具有这种观点的尤可参见 H. D. 拉斯韦尔(H. D. Lasswell)的《世界政治学和个人的不安全感》(*World Politics and Personal Insecurity*)和约翰·多拉德(John Dollard)的《生活历史的标准》(*Criteria For the Life History*)。

则我们就无法真正了解这些结构。

另一方面，我们必须超越弗洛伊德，向前更迈进一步。这一步只有根据弗洛伊德的伟大发现才可能迈出。因为虽然在某一方面，弗洛伊德已远远超越他自己的时代，在另一方面——特别是他对精神特性之生物取向的过分强调上——他却深深受到了那个时代的影响，未能逃出当时科学潮流的囿限。他假定我们文化中所常见的本能驱力或客体关系，乃是由生物性决定的根深蒂固的“人性”，或者由不可改变的情境(如生物学上的“前生殖器”阶段，俄狄浦斯情结)所产生的。

弗洛伊德对文化因素的轻视及忽略，不只使他作出错误的概括和结论，而且尤有甚者，阻碍了吾人对那些真正推动我们的态度及行为的力量之理解。我相信，这一忽视态度乃是何以心理分析——只要它一成不变、亦步亦趋地追随由弗洛伊德所铺下的理论途径——尽管在表面上具有无限的潜力，却正逐渐走向死胡同，同时其学说变得深奥难解、暧昧异常、充满宛如江湖黑话般专门术语的原因。

我们现在已明白神经症乃是表示偏离正常人或异于正常人。这一原则非常重要，但它尚不充分，无法涵盖全部。个人可能会偏离一般行为方式或相异于共通模式，却未必是个神经症患者。我们上文所例举的艺术家，他拒绝为了获取超过必要的金钱而辛苦工作，也可能患有神经症，但也有可能他只是聪慧过人，不愿让自己加入争名夺利的行列，随波逐流地与人竞争而已。另一方面，有许多人的行为，依据表面浮泛的观察，虽表现得接受了既存的生活方式，却有可能是严重的神经症患者。在这种情况下，心理学上或医学上的观点是十分必要的。

非常令人惊奇的是，要从这一观点来说明神经症之内容，却是非常困难的，不是三言两语就可说明的。因为无论如何，若我们只探究明显的表面现象，就很难发现所有神经症患者的共通特性。我们绝对不能把症状——例如恐惧、抑郁、生理性机能失常等——作为准绳，因为它们并不一定会表现出来。神经症中永远有某些禁制或限制存在着，它的原因我将在后文讨论。不过它们也许会很精巧地改变面目，以逃过我们的表面观察。如果我们单纯从外在所明显表现的现象来判断人际关系的反常(包括性关系之困扰)的话，也会产生同样的困难。这些特性虽然必可在神经症中发现，却并不能绝对证明一个人心理异常。然而，仍有两种特性，我们可以在所有的神经症患者身上找到，而不必要对他的人格结构有十分透彻的了解，即僵化的反应方式，以及潜能与其成就之间的脱节。

这两种特性，吾人必须对之做更进一步的说明。我所谓僵化的反应方式，是表示缺乏一种灵活性，这种灵活性或弹性使我们能够对不同情境做不同的反应。举例而言，当正常人感觉到事有蹊跷，或者发现情境有值得推敲的可疑之处时，常常会起疑心。然而神经症患者却不管任何情境、任何时间，不论他是否知觉到自己的情境，都会疑心过重。正常人能够分辨恭维或称赞到底是出于诚心诚意，还是只是虚情假意惺惺作态；然而心理异常的人却无法分辨出这两者的不同，或者可能会完全不顾任何情境，一概拒绝接受。正常人如果感到遭受不正当的强加，会愤怒异常；而神经症患者却会对任何暗示皆感到怨恨，即使他明白这种暗示乃是为了他的利益。正常人也许有时候遭遇到重要而难以决定的事情时，会难以下定决心或踌躇不前；但是神经症患者却随时随地都会犹疑不决。

然而，只有在僵化反应偏离了文化模式时，它才算是神经症的指针。在西方文明中，大部分的农民，认为对新奇或陌生的事物产生固执的疑心，乃是正常的方式。同时小资产阶级对节俭的固执注重，也是正常的僵化反应。

同一道理，个人之潜能与他在实际生活所表现的成就之间的差距，可能只是由于外在的因素而已。但是如果他具有此种才能，而且发挥此才能的外在条件及可能性又是有利的，他却仍然毫无建树，缺乏创造力，那么他就可能是个精神有困扰的人。或者如果他拥有一切使他快乐的可能性或因素，但却无法享受自己所拥有的，不能由之得到任何快乐；或者一个女人虽然貌美如花，娇艳欲滴，但却仍然感到自己无法吸引男人，就都有可能是心理上有了困扰。换言之，精神或心理异常的人，往往感到他自己就是自己的绊脚石。

不管外在表现如何，我们只要深入探究产生心理困扰的动力因素，就会发现在所有神经症中，皆存在着一种基本的共同因素，它就是焦虑不安，以及为了抗拒它所建立的防御机制。不管一位神经症患者的心理结构如何复杂，这种焦虑都是促使神经症产生并维持运作的动力。我将在下文几章内清楚地说明这一见解的意义，因此此刻我暂时不举出任何实例来证明。不过，即使只是希望别人半信半疑地接受此一基本原理，我们也必须更进一步加以说明。

这一见解在表面上，很明显实在太概括了。焦虑或恐惧——且让我们暂时交互使用这两个名词——乃是无所不在的，那些防御机制也是人人皆有的，而且这种反应并不只限于人类才有，动物遭受某些危险的威胁，也会或决定反击或逃之夭夭，我们也具有完全相同的反应，这就是恐惧与防御。假如我们害怕遭受闪电的打击，就会在屋顶上装置避雷针；如果我们害怕意外丧生或遭受不测风云，就会购买保险以防患于未然。这里面就包含恐惧与防御的因素。它们以各种不同的形式存在于每一文化之中，而且可能会被制度化，例如由于害怕中邪，人们戴着护身符保护自己，由于恐惧死者的鬼魂，人们就举行隆重的仪式安抚它，由于恐惧月经所带来的邪恶灾祸，就制定许多禁忌以避免接触经期中的妇女。

这种相同性，会使我们忍不住要导出一种错误的逻辑推论。如果恐惧与防御在神经症中是个基本的因素，为何不称那些已制度化的对抗恐惧的防御方法为“文化神经症”？这一推论的谬误，乃在于事实上两种事物具有共同的某一成分或本质，并不必然表示这两种现象是同一的，就像我们绝不可能把一座由石头所建筑成的房屋叫做石头。那么，使人具有神经症特性的病态恐惧及防御的特性何在？有无可能这病态缘于恐惧乃是一种想象的恐惧呢？不，因为我们同样可以把对死亡的恐惧说成是想象的，这两种情形都缘于对恐惧与防御的无知。那有无可能神经症患者根本不知道他为什么害怕？不会。因为原始人也不知他们为什么害怕死亡。它们的区别或特性，与知觉或理性的程度并没有什么关系，而是在于下述两种因素。

首先，所有文化的生活情境都会产生一些恐惧不安。它们也许是由外在危险（如大自然、敌人）所引起，也许由社会关系之形式（由于压制、不公平、强迫的依赖、挫折所激发的怨愤敌意）所引起，也许由不知来由的文化传统（传统上对鬼魂，对禁忌之破坏）所产生。我们个人或多或少都会具有这种恐惧不安之情，但是一般而言，现存文化中的每一个人都会受到影响，没有人能避免它们。然而，神经症患者不只分担了该文化中每个人都共同具有的恐惧，也会由于他个人生命中的情境——然而，个体情境却是与一般情境交互影响的——而产生恐惧，这些恐惧在性质上或程度上，都偏离了文化模式所产生的种种恐惧。

其次，这些存于既存文化中的恐惧不安，一般皆会被某些保护性的措施（如禁忌、仪式、风俗等）所抵消。通常言之，这些防御乃是应付恐惧的更经济的方法，比起神经症患者以不同方式建立的防御机制而言，更为简便有效。因此正常的人，虽然会受到他自身文化之影响而有恐惧之心及防御心理，但一般而言，他却能够发挥自己的潜能，并且能够享受生活所给予他的一切。正常的人，能够尽量利用他自身文化所潜藏的可能性，使自己获益。换一种说法，就是除了遭受自身文化带来的不可避免的痛苦外，他并不会感受更多痛苦。相反地，神经症患者比起一般人来却要感受到更多的痛苦。他必须为他的防御付出极大的代价，使他的生命力和发展力遭受到阻碍，更具体地说，他获得成功与享受生命的能力被削弱，结果终于变成上文我所说过的差距和脱节。事实上，神经症患者不可避免地是个受苦的人。我在讨论所有的神经症患者的表面共性时，没有提到这一事实的唯一理由，乃是它并不必然是可以从外界观察得到的。甚至神经症患者自己，也根本不知道自己正在受苦这一事实。

谈到恐惧与防御心理，我生恐许多读者读到这里，会十分不耐烦，因为我居然花了这么大的工夫来讨论神经症的构成这么简单的问题。为了自我辩解，我可以指出心理现象永远是奥妙复杂的，即便问题看来简单，答案却绝非容易，亦永远无法单纯。因此不论我们要解决的是什么难题，我们一开始在这里就遭遇到困境都是无法避免的，它都将会在以后的全书中出现。描述一位神经症患者的特殊困难，乃在于事实上，我们无法单以心理学的见解或社会学的发现来提供一个令人满意的答案，不过我们可以交互运用它们，而事实上，我们也早已如此在做。假如我们只根据动力学和心理上的构造之观点来讨论神经症患者，那么我们就必须虚构一种“正常人”，而他并不存在。只要我们越过自己的国家或相似文化的国家，而进入不同文化的国度，我们就会陷入更加困难之境。同时，假使我们只根据社会学的观点，把神经症当作是某一社会之共通行为模式的偏差行为方式，就完全忽略了我们所知道的神经症患者在心理上的特性，同时不论任何国家或学派的神经症学家，都不会同意这一结论并承认他就是以这种方式鉴定神经症的。这两种方法的融合，在于它同时兼顾神经症患者的外在异常及其心理过程的动力学异常，而不把任何一种异常当作最主要或最具决定性的。这两种方法必须结合起来。一般而言，我们指出恐惧及防御心理乃是神经症的动态中心之一，但只有这种恐惧及防御心理在程度上或性质上偏离了同一文化中所容许的恐惧及防御模式时，才得以称之为神经症。

我们必须在同一方向上更前进一步。神经症的基本特质尚有其他，那就是内心的矛盾冲突倾向，但是这种矛盾心理的存在，或者至少是它的确切内容，神经症患者自己却毫无所知，他只是自动地设法对这种矛盾寻求某些妥协的解决方法。就是这种特性，使弗洛伊德强调它的各种形式乃是构成神经症所不可缺少的要素。使神经症患者的内心冲突与那通常存在于文化中的冲突相区分的，并不是它们的内容，也不是它们在本质上是无意识的——在这两方面而言，共通的文化冲突也是同样的——而是这样一个事实，在神经症患者身上，这些冲突更为尖锐，也更紧张激烈。神经症患者设法以妥协的方法来加以解决——这种解决方法可称为病态的——而这种解决方法比起一般正常人所使用的方法，更不能令人满意，也更不完满，并且往往损害了完整的人格。

虽然已探讨了许多问题，我们仍然无法对神经症患者做一完美而包容的定义，不过我们至少可以加以描述勾绘：神经症是一种心理紊乱，这心理紊乱是由恐惧及抵抗这种恐惧的防御机制所引起的，同时也是由于为了消除内心矛盾冲突而尝试寻求妥协所产生的。从实际的角度考虑，我们最好只有在这种心理紊乱偏离了特定文化中的共通模式时，才可以称之为神经症。

第二章　为何谈起“我们时代的神经症人格”

由于我们的主要兴趣集中于神经症对人格的影响结果，因此我们的探究范围将局限于两大方向。一方面，有些虽在人格方面正常而未被扭曲的人，也会由于对充满了矛盾冲突的外在环境的反应而产生神经症。在讨论到某些基本的心理过程后，我将会回头再简略地讨论这些单纯由情境所引起的心理困扰，即情境神经症(Situation Neuroses)的构造。[①] 我们此刻的主要兴趣不在于这些，因为它们并不表现为神经症人格，只不过是对既存的艰难环境暂时缺乏适应能力而已。当我在本书提到神经症时，我所指的乃是人格异常(Character Neuroses)，换言之，即是其主要紊乱在于人格结构之异常——虽然其症状的表象也许与情境神经症完全一样。[②] 它们乃是潜伏的慢性过程之结果，从童年早期就已经开始形成，并且或多或少、或强或弱地影响到人格的一部分。从表面上看来，这种人格异常，也许是实际的环境矛盾冲突之结果，但是如果我们仔细谨慎地探索这个人的生活史，我们会发现这种困扰的人格特质，早在任何矛盾情境产生之前就已存在。这种眼前的困境本身，有很大部分是由于早已存在的人格障碍所导致的，尤有甚者，神经症患者往往会病态地对某一生活情境加以反应，而这一生活情境对一般健康的人并没有任何冲突。这种情境只是显露出早已经长期存在的神经症。

另一方面，我们对神经症之症状并不十分感兴趣。我们的兴趣，主要在于人格异常本身，因为人格之异常乃是神经症中永远存在、不断发生的，而其在临床意义上的症状却是各自不同的或完全没有的。同时根据文化上的观点，人格的形成比症状更为重要，因为主要是人格影响人的行为，而非症状影响人的行为。由于对神经症之构造有比较深入的了解，并认识到症状的治愈或消除并不必然就表示神经症已痊愈；因此一般而言，精神病学家的兴趣比较倾向于人格缺陷，而不太注重症状

① 情境神经症与 J. H. 舒尔茨（J. H. Schultz）所谓的外源性神经症（Exogende Fremdneurosen）大致相当。

② 弗兰茨·亚历山大曾建议以人格异常来称那些缺乏临床症状的神经症。我不认为这名词是可靠的，因为症状之有无，与神经症的本质并不相关。

本身。更具体地说，我们可以说神经症症状并不是火山本身，而只是火山的爆发，而病态的冲突，就如火山一般，深藏于个体的内心深处，而不为其自身所知。

在承认这一限制后，我们也许会在心中有一个疑问：今日的神经症患者是否有共通的特质，这特质是如此关键，以至于我们可以称之为我们时代的神经症人格。

当我们探究伴随不同形式的神经症而出现的人格缺陷，我们会惊异于它们之间的差异，而不会注意到它们的相似性。比方说，歇斯底里人格，与强迫性人格完全不同。然而，导致我们震惊的差异性，乃是机制之差异；或者以更通俗的话来说，其差异性表现在这两种紊乱的外在行为，以及它们解决紊乱的方式之不同，例如在歇斯底里型中投射起了主要作用，而强迫型人格，则对冲突常采取合理化的方法。另一方面，我心中所指的相似性，并不在于其外表上所表现的行为，或是他们所使用的机制，乃是在于冲突的内容。更确切地说，这些相似性并不在于必然造成困扰的各种经验，而是真正促使人们失常的各种冲突。

为了要澄清这驱动力以及它们的分支，我们必须先有前提假设。弗洛伊德与大部分心理分析家，把他们的注意力强调于下述原则，即心理分析的任务是在某一方面发现本能冲动的性欲根源(例如特殊的性感区域)，或是一再重复出现的婴儿模式。虽然我也相信要完全了解一位神经症患者，必须要回溯到他的童年经验或情境方有可能，但是我坚持认为这种发生学上的探究方法，如果过分独断或片面地运用，反而会造成混乱，而根本无法澄清问题的本质。因为它会使人忽视真实存在的无意识倾向，这些倾向的功能与其他倾向——如本能、恐惧及防御性的措施——交互影响。发生学上的理解方法，只有在它有助于功能上的理解时，才是有用处的。

根据这一信念，在对不同年龄、气质及兴趣，来自不同社会阶层中的各式各样神经症人格进行分析的过程中，我发现在他们身上所有动力核心冲突的内容及它们之间的交互关系，在本质上都是完全相似的①。我在心理分析之实际行业中的经验，已经为非心理业界的人们以及当代文学中的那些人格洞察所证实。神经症患者身上一再发生的问题，如果剔除其往往具有的虚幻晦涩的性质，那么我们必然会注意到，他们与我们文化中的正常人所面对的那些困扰，只是在程度上有所区别而已。我

① 强调相似之处并不意味着忽略了对神经症的特殊类型做科学的阐释。恰恰相反，我完全相信，精神病理学对种种心理紊乱，包括它们的起源、特殊结构和表现等，都做出了清晰的描述，并取得了长足的进步。

们大部分人必须面临各种竞争、对失败的恐惧、情感上的孤立隔绝、不信赖他人及对自己失去信心等等问题，光是这些问题，就不仅仅存在于神经症患者身上。

一般而言，某一文化中的大部分个体必须面对同一问题之事实，告诉我们这些问题必然是由存在于该文化中的特殊生活环境所造成的。我们由此可以获致结论，它们并不代表“人性”之共同问题，这一事实可以由下述事实而得到证明：其他文化中的动力与冲突和我们文化中的并不相同。

因此，在提到我们时代的神经症人格时，我不只是在说所有神经症患者有着共同的基本特征，也表示这些相似的特征，在本质上乃是因我们的时代及文化中的困境所造就的。后文中，我将尽我所了解的社会学知识向大家表明我们的文化到底有什么样的困境，必须为吾人之心理冲突负责。

我所假定的文化及神经症之关系的正确性，必须由人类学家及精神病学家两者共同检验。精神病学家不只必须研究某一文化中的神经症的外在表现，如诊断标准所做的那样，例如神经症的发生率、严重性以及其类型，而且更须从这些文化所潜藏的基本冲突的观点来探究神经症。而人类学家则必须从同一文化结构给个人带来怎样的心理困扰之角度来研究神经症。这些基本冲突中相似性的外在表现之一，乃是那些易于做表面观察的态度中的相似性。我所谓的表面观察，是意指一位优良的观察者不必借助于心理分析技术之工具，就能从他周围熟悉的人们，如他自己、他的友人、他的亲属，或他的同事身上有所发现。我将对这种可能性很大的日常观察做简短概述。

因而由此可以观察得到的态度和困扰也许能不太严谨地分类如下：第一，给予及获得爱的态度；第二，自我评价的态度；第三，自我断言的态度；第四，侵略性；第五，性。

关于第一点，我们今日的神经症之主要倾向，乃是对称赞的过分依赖，或对他人之爱的过分依赖。我们都希望讨人喜欢，并且获得爱与称赞，但是对神经症患者而言，这种对爱或称赞的依赖心，完全不考虑那些人在他生命中的重要性。虽然我们都希望能受自己所喜欢的人们喜爱，但在神经症患者身上，却存在着一种对称赞或关怀不分青红皂白式的渴求，不论他们是否关心那个人，或那个人的判断对他们是否具有任何意义。他们往往不能知觉出这种毫无止境的需求，但是当他们所需要的关心并没有来临时，人们就会在他们的敏感上观察到它的存在。比方说，如果有人并不接受他们的邀请，有一段时间没有打电话来问候聊天，或者甚至只是在一些问题上不同意他们的意见而已，他们就会深受伤害。这种敏感也许可以借一种“管他的”的态度而隐藏起来。

更有甚者，在他们对关爱的欲望与他们自己的感受关爱或给予关爱的能力之间，有相当大的矛盾存在。一方面他们对关怀过分需求，另一方面他们对别人缺乏关怀、漠不关心，两者的程度同样令人惊讶。这种矛盾性并不总会表现出来。举例而言，神经症患者也许会十分关心别人，并热心地要帮助别人，但是在这种情形中，我们常常会注意到他的行动是强迫性的，而不是出于内心真正自动自发的热情和诚心。

这种表现为依赖别人的内心的不安全感，乃是神经症患者之行为使我们惊讶的第二种可表面观察的特性。自卑感及无能的感觉是神经症共有的特征。它们也许会以许多不同方式——例如无能为力，心灰意冷，自认愚蠢无比或毫无魅力、不受欢迎的念头——出现，而这些想法在现实中可能根本没有任何依据。有些在智力上非常聪慧过人的人却会自认为愚蠢无比，或者貌美如花的女人却会认为自己缺乏魅力。这种自卑感或不如人的感觉也许会露于表面，以抱怨牢骚或者焦虑的形式出现，或者这种子虚乌有的缺陷，会被认为是理所当然，被当作一种事实，而让神经症患者在上面浪费许多心思。另一方面，它们也许会借自我夸大(self-aggrandizement)的补偿性需求来掩饰，借强迫性的不断表现、出风头，或以我们文化中可以引起声望的一切行动或事物，如攫取金钱、收藏古代名画或古代家具、占有女人、与有权有势的名人之社交来往、到各地旅行或炫耀自己的知识等来引起他人或自己的注意，以便掩饰自己内心的冲突。这两个倾向之一可能突出地表现出来，不过一般而言，他大都会不分轩轻地感到两种倾向的同时存在。

第三种态度，即自我断言，包含了明晰的抑制作用(inhibition)。我所说的自我断言，乃是肯定自己或自己主张的行动，我并不是指使自己努力不懈的欲望，在这一点上，神经症患者表现为一群受禁制的人。他们对表示他们的欲望、要求某些事物、做符合自己兴趣的事、表达意见或发表批评、命令别人、选择他们愿意合作的人们、与别人交往接触等等，皆有所抑制。

他们在我们所谓的坚持自己的原则方面也有所抑制，神经症患者往往无法保卫自己，防止他人的攻击，或者说“不”，尤其在他们不愿意接受别人的意见或愿望时。例如说，一个推销员向他们推销一些他们根本不需要或不愿意买的东西，或者有人邀他们参加派对，或者一个女人或男人要求与之做爱时，虽然心中不愿意，他们却不敢或不能拒绝。最后他们尚有不能认识自己真正需要的限制或障碍，每每犹疑不决，心无主见，不敢发表意见，不敢表示只符合自己利益的欲望，对这种愿望只能加以掩饰。我的一位友人，对很多事都有所禁忌，如电影必须有教育意义，酒类必须在健康的限度之内。这一族群特别重要的一点，是缺乏计划的能力，[①]不论是策划一次旅行，还是人生未来，神经症患者总是让自己毫无目的地茫然度日，甚至在重要的决定上，如事业或婚姻上亦毫无计划，他们对自己一生中真正需要的事物一点也没有清楚的概念。唯一能推动他们的是病态的恐惧，正如我们看到有些人不顾一切地囤积金钱，因为他们恐惧贫困，或者有人毫无限制地追求情欲，拈花惹草，因为他们害怕自己要进入一项建设性的关系。

至于第四种困扰，侵略性，我所指的与自我断言的态度完全相反，反对别人，攻击别人，贬低或侵犯别人，及任何形式的敌对行为。这种形式的困扰以两种完全不同的方式表现出来。其中之一，乃是喜好侵略、指挥别人，吹毛求疵地管制别人，作威作福，欺骗或挑剔别人。有时候，那些具有这种态度的人，也明白自己侵略性较强，但是大部分人根本不知道这一点，而且常常主观地以为自己只不过是较为诚实，或者是在表达自己的意见而已，甚至在他们命令时会显得谦虚，而事实上却是十分蛮横及咄咄逼人。然而，在另一方面，这些困扰的行

① 在《命运和神经症》（*Schicksal und Neurose*）一书中，舒尔茨-亨克（Schultz-Hencke）是少有的几个精神分析家之一，他充分地把兴趣集中于这一重要概念上。

为却以完全相反的方式表现出来。我们会发现神经症患者在表面上具有一种态度，即感受到自己很容易被欺骗、被统治、被责备斥骂、被侮辱或损害。这些人，同样也常常不知道这只是自己的态度，而忧郁地相信全世界皆对他们不公平，对他们有所亏欠或侵犯了他们。

第五种异常态度，即在性方面的失常，可以粗略地分成两类，其一是对性行为之强迫性需求，另一类是对性行为感到禁忌。这种禁忌甚至对任何产生性满足的方式都禁止。这些禁止也许会出现在对异性的追求上、对求爱、对性本身或享受性的欢愉上。我们在前面所描写的一切异常态度，也都会表现于性态度上。

也许我们应该更进一步详细描述在上文中提到的态度和困扰。然而，我将在后文对它们一一加以讨论，为了更了解它们，我们必须研究它们产生的动态过程。为了明了这些潜在的动态过程，我们将会发现所有这些态度和困扰，尽管表面看来缺乏一贯性，但它们在结构上却是互相关联的。

第三章　焦虑

在更进一步讨论现代人的神经症之前，我必须重新提起我在第一章所遗留下来的一条线索，并澄清我所谓的焦虑的意义。这种澄清工作是非常重要的，因为正如我已说过的，焦虑乃是神经症的动力中心，因此我们必须随时随地面对它。

我在前文曾把焦虑与恐惧当作同义的名词，并且指出它们之间的血缘关系。事实上，它们都是对危险情况的情绪反应，同时它们可能都会伴有生理上的冲击，例如颤抖、流汗、剧烈的心跳，这种生理反应可能会非常强烈，以致一种突发的、强烈的恐惧会致人死亡。然而两者之间也有不同之处。

一个孩子只是身上出了小丘疹，或患了轻微的感冒，而做母亲的却担心孩子会死，我们称这种担心为焦虑。但是如果她的子女患的是严重的疾病，我们就称她的恐惧心理为反应性恐惧。当一个人站在高的地方，或者必须讨论一段他知之甚详的主题时，却表现出害怕，那么我们称此为焦虑，而如果有人在狂风暴雨中迷失于深山，因此表现出害怕，我们就称之为恐惧。至此为止，我们有一个简单而明确的分别：恐惧乃是一种面对吾人必须面临的危险之适宜反应，而焦虑则是对危险的不适当反应，或是对一些想象性的危险之反应。①

然而这一区分有一点瑕疵，那就是要决定何种反应是适当的，必须根据存在于特定文化中的一般知识。但是纵使这一知识宣称某一态度是毫无根据、不适当的，神经症患者也会毫无困难地给他的行动找到一种合理的基础。事实上，如果我们告诉一位病人，说他害怕遭受某个胡言乱语的疯子的攻击之心情，乃是病态的焦虑，我们就会陷入无止境的公说公有理、婆说婆有理的争辩中。他会指出他的恐惧是有现实根据的，他所害怕的事情确实会发生。如果我们指出某些原始人的恐惧反应，与真正的危险不相匹配时，他同样也会固执地否认。举例言之，那些存在某些动物食用禁忌之部落中的原始人，一旦食

① 弗洛伊德在他的《精神分析新论》(*New Introductory Lectures on Psychoanalysis*)中的《焦虑与本能生活》一章中，也同样地区分了“客观的”及“病态的”焦虑，把前者描述为一种“对危险的明智反应”。

用了那些禁忌的肉类，一定会恐惧万分。作为一位外来的旁观者，你可能会称这种恐惧心理为不适当的反应，认为它在事实上是毫无根据的迷信心理。但是如果明了原始人对禁忌食物的信仰，你就会明白这种情境，对那个人而言，这代表了某一种真正的危险，它会导致打猎或捕鱼的场所遭到毁坏，或招致一场大病。

然而，我们从原始人身上所发现的焦虑，与我们在自身文化的神经症患者身上所见的焦虑之间，却有一点不同。神经症的焦虑内容，与原始人的焦虑不同的是，它并不符合一般共通的信仰。无论哪一种，一旦我们了解了这些焦虑的意义，那么它所产生的不适当的印象就消失了。比如说，某些人非常担心自己会死亡；另一方面，由于他们的苦痛，他们内心里存在着死亡的隐秘欲望。他们对死亡的各种恐惧，加上他们情愿死亡的想法，产生了一种对危险迫近的强烈忧虑。如果我们明了所有这一切因素，我们只会认为他们对死亡的此种焦虑为正常的反应。另外一简化的实例，乃是当人们发现自己正置身于悬崖、高楼的窗户边、高耸的桥上时，他们往往会感到恐惧，而这种恐惧就是正常的。从外表上看来，这种恐惧似乎是不适当的，然而这种情境也许使他们产生或面临一种处于生存欲望以及忍不住要从高处跳下去的冲动之间的内心矛盾，这种内心矛盾导致了他的焦虑。

所有这些论点皆指出我们的定义必须加以修改。恐惧与焦虑都是对危险的适当反应，但是在恐惧的情况下，危险乃是一种可见的、客观存在的情况；而在焦虑的情况下，其危险则是潜藏的与主观的。也就是说，焦虑的强度随着处境对个人之意义而增加，同时对于他会如此焦虑不安的理由，他自己则根本一无所知。

这种对恐惧与焦虑之区分的实用内涵，乃是要说明借口头之言来消除一位神经症患者的不安的尝试——即使用说服的方法——是徒劳无益的。他的焦虑所在并不是那真正存在于现实中的处境，而是他所感受到的处境。因此，心理治疗的任务，只是要努力发现神经症患者所面临的处境对于他意义何在。

确定了焦虑的性质后，我们必须了解它所扮演的角色。在我们文化中的一般人，对焦虑在他生命中的重要性所知甚少。通常他只会记得他在童年时，曾经有过一些焦虑心情，记得他曾有一次或多次充满焦虑的梦境，以及他曾经在他日常工作之外的情境中，有过不寻常的焦虑心情，例如在与一位大人物的重要会谈之前，或者在考试以前。

有关这一点，我们从神经症患者身上所收集到的资料，绝不是整齐划一的。有些神经症患者完全明白他们为焦虑所苦。

其表现是各式各样的：它可以表现为弥漫性焦虑或焦虑发作（Anxiety-attacks）；它也可能会附着于某些特别情境或活动，例如高处、街道或公共场所；它也许会有明确的内容，如担心会变得疯狂，担心患癌症或担心自己吞下针头。另外一些神经症患者会知晓他们有不定时的焦虑，对激发这种焦虑的情境他们有的了解，有的不了解，但不管怎样，他们并不认为这些外在条件十分重要。

最后，有些神经症患者只明了自己有忧愁消沉的心情、自卑感或性生活的困扰等等，但是他们却毫不认为自己有或曾有过焦虑。然而，经过更密切的探究后，通常会证明他们最初的看法是不准确的。在分析这些神经症患者时，我们不可避免地会发现在他们的外在表现之下，正深藏着与第一类人同样多的焦虑不安。心理分析家促使这些精神不安的人意识到他们的潜在焦虑，同时他们可以回忆或重现他们充满焦虑的梦境，或者那些使他们深感焦虑的情境。然而他们所承认的焦虑的程度却往往不会超过正常人的程度。这正表示我们可能会有焦虑，但是却对之毫无所知。

当我们如此说明时，这里所包含的问题之重要性尚未显现出来。它是一个更大更广泛的问题之一部分。我们拥有喜爱、愤怒、怀疑的感受，它们来得如此之快，以致我们很少会知觉到它们，同时它们是如此稍纵即逝，以致我们易于忘了它们。这些感受也许真的并无关联或只是昙花一现，但是在它们的背后，却可能潜藏着一个巨大的动力。对一种感受的知觉程度，并不能代表它的强烈性或重要性。[①]我们所以指出这一点，乃是要表示我们不仅心存焦虑却对之一无所知，而且焦虑也许是我们生命中的决定因素，而我们也未能意识到这一点。

事实上，我们似乎在竭力摆脱焦虑，或避免感觉到它的存在。这种行为的理由有许多，而最常见的理由乃是强烈的不安乃是我们所能具有的最大痛苦。那些曾经心存极强烈的焦虑不安的病人会告诉你，他们宁愿死去，也不愿意再遭遇这种体验。除此之外，包含于焦虑心情的某些成分，也许对个人而言是特别无法忍受的。其中之一是无助或绝望。在面对一种强大的危险时，我们尚能够积极活跃又勇气十足，但是在焦虑的状况下，个人却感到——事实上也是如此——无助和绝望。处于绝望，对那些满脑子只有权力、地位、征服或控制一切事物的人而言是特别难以忍受的。由于感到自己的反应如此明显地不合时宜，他们会憎恨它，好像它代表一种软弱或懦弱的行为似的。

① 这只是弗洛伊德的一个基本发现——无意识因素的重要性——的一段阐释。

焦虑之另一性质乃是它显著的不合理性。对某些人而言，他们要比别人更不能忍受被任何非理性的因素所控制。对那些隐隐地害怕自己被内心中非理性力量所吞没的人，以及那些不自觉地训练自己服从严格的理性控制的人而言，这种非理性是特别无法忍受的。因此他们在意识上，绝对不能容忍任何非理性的成分。除去个人的动机外，后面的反应尚包含了一种文化因素，因为我们的文化特别强调理性的思维及行为，并认为不合理性，或看来不合理的事物，是比较低劣的。

或多或少与这一点有关联的，是焦虑之最后一性质；借着它的非理性，焦虑向我们提出了一种含蓄的告诫，即认为我们内心的某些东西出了问题，因此这实际上是一种质疑，要求我们彻底检视自己。这并不是说我们在意识上会把它当作一种质疑，而是其内涵如此，不论我们承认与否。我们无人会喜欢这种质疑，也可以说我们最反感的就是明白我们必须改变自己的一些态度。事实上，一个人在陷于自身的恐惧及防御之错综复杂的罗网中时，他越感受绝望无助，就越必须依靠他的妄想，认为他是正确的及在一切事物上皆完美无瑕，进而本能地拒绝任何指出他有些心理问题的提议，否认任何改变自己的需要——即使它只是间接或含蓄的暗示。

在我们的文化里，有四种逃避焦虑的主要方式：合理化、否认、麻醉自己、回避可能会产生焦虑的思想、感受、冲突及处境。

第一个方法——合理化——乃是避免责任的最佳借口。它的实质在于把焦虑转化成一种合理化的恐惧。如果我们忽略了这种转变的心理价值，我们也许会想象此种合理化并没有改变什么。那位过分担心的母亲在事实上是在担心她的子女，不论她自己是否承认内心的焦虑，或者她把她的焦虑解释为一种应该出现的恐惧。然而，我们却可以在任何时候，都可以做下述的实验，告诉这样的母亲说，她的反应并非是合理性的恐惧，而是一种焦虑，它与实际存在的危险是不相称的，这包含了她个人的因素。那么她的反应，一定会拒斥这种暗示，并且会花费她的全部力气来证明你的错误。难道玛丽不是在托儿所患了这种传染病吗？难道强尼在爬树时，没有摔断他的腿吗？最近不是有一个人以糖果来诱拐孩童吗？她的行为难道不是完全出于爱及责任感吗？①

无论何时何地，遇到谁为非理性态度这样强烈辩护，我们就可以确定那受辩护的态度对那个人真有很重要的功能。这样

① 参照山多尔·劳多（Sandor Rado）：《过分焦虑的母亲》（*An Over-Solicitous Mother*）一书。

的母亲不但不会对她的情绪感到绝望苦恼，反而会感到她可以积极地做些什么来克服这种困境。她不但不会承认自己的软弱，反而会为自己的高标准而感到骄傲无比。她不但不会承认她的态度充满了非理性成分，反而会感到自己完全正当并合情合理。她不但不会觉察并接受自己某些态度需要改变的警告，反而会把她的责任推卸给外在世界，并因此避免面对自己的真实动机。当然她必须为这些短期利益付出代价，即她永远无法消除她的不安。更重要的是，她的子女也会付出惨重代价；可是她并不明了这一点，在最终的分析中，她也不想明了，因为在她的内心深处，她紧紧依赖着自己的妄想，认为自己可以不必改变内在的缺陷，同时又可以获得由改变自己所产生的一切利益。

这一原则，对相信焦虑是一种理性恐惧的一切倾向而言，都是适用的，不论它的内容是对分娩的恐惧，对疾病、错误的食物的恐惧，还是对天灾人祸、贫困潦倒的恐惧。

第二种逃避焦虑的方法乃是否认它的存在。事实上，运用这种方法，焦虑并没有什么真正的改变，否认它，只是把它从意识上排除出去。这时它所呈现的，就是恐惧或焦虑所伴随的生理现象，例如颤栗、出汗、心跳加速、窒息、尿频、呕吐、腹泻，在精神方面，则是烦躁不安、被打击或麻痹的感觉。当我们害怕恐惧并且能知觉自己的害怕，我们也许会具有这一切感觉以及生理现象，同时它们也可能是缘于一种被压抑的焦虑。在后一情形下，个人对他的情境所能知晓的，是如此明显易见，比如他在某些情境下必须时常去小便，他在火车上会感到晕眩呕吐，有时候会有夜里盗汗现象，而这一切通常都没有任何生理上的原因。

然而，也有可能采取对焦虑的有意识的否认，有意识地克服它的尝试。比如试图用不计后果的忽略来消除恐惧，这情形也有可能发生在正常人身上。这种正常程度的反应之最为人所熟悉的实例，乃是一个为克服恐惧而努力的士兵所表现出的英勇行为。

神经症患者，也可能会进行这种意识上的决定，以便克服他的焦虑。举例言之，有一位直到青春期都因害怕强盗破门闯入而感到焦虑的女孩，会有意识地决定不去管这种焦虑，而在阁楼上独自睡觉，或在空荡荡的别墅中单独行走。她带给心理分析家的第一个梦显现出这些态度的种种变化。梦中包含许多令人害怕的情境，但是她每次都毫无恐惧地面对。其中之一是她在夜晚听到花园内有脚步声，于是她走出门，并喊道："谁在那里？"她要消除对强盗的恐惧心理的尝试成功了，但是促使她焦虑不安的真正因素并没有得到任何改变，因此仍然存在的焦虑所产生的其他结果并没有消除。她依然畏缩不前，很少与人交往，并且胆小如鼠，总是感到不受大家欢迎，无法安定下来做任何事情。

在神经症患者身上，也常常并没有这种有意识的决定。这种过程通常是自动地进行着的。然而，他们与正常人的不同并不在于这决定的有意识程度，而在于它所产生的结果。神经症患者“竭尽全力”所唯一能得到的结果乃是消除焦虑带来的某一特殊现象，如那位女孩消除了对强盗的恐惧。我不是要过分低估这种结果的价值。它也许会具有实用的价值，同时也会在加强自尊心上具有心理的价值。不过由于结果常常被过分高估了，因此我们必须指出它的消极面。①不只人格的基本动力仍未改变，而且当神经症患者丧失了存在于他内心的困扰之显著现象时，他也丧失了把握住它们的活生生的动力。

不顾一切地摆脱焦虑不安的过程，在许多神经症患者身上发挥了很大的作用，并且常常不易被人正确地认识。比如以侵略性来说，置身于特定情境，许多神经症患者身上都会表现出来，但却常常被人们认为是一种真实的敌对态度的直接表达，而事实上在最初它只是一种感到身处受攻击压力下，为了克服

① 弗洛伊德曾一直强调这一点，指出症状之消失并不足以充分地表示痊愈。

胆怯而做出的不相干的表现。虽然有些敌对态度常会存在，但神经症患者常常会大大地夸张了他真正感受到的被侵犯的感觉，他的焦虑不安促使他去克服自己的胆怯。如果这一点被忽视了，我们就会把这种不计后果的行为当作真实存在的侵略态度。

第三种消除焦虑的方法就是麻醉自己，对其视而不见。这种目的也许可以有意识地借饮酒或服药来达到。然而，还有许多其他方法也可以做到这一点，它们之间并没有明显的关联。其中之一就是由于害怕孤独而投身于社会活动，不论这种恐惧是否已被认识到，还是表现为模糊的不安，都不会改变这种情境。另外一种麻醉自己的方法，乃是投身于工作中，拼命工作。这种现象，我们可以从工作的强迫性质和在星期日及假日时当事人所产生的烦躁不安中发现。同样的目的也可以从对睡眠的不寻常需求中达到，虽然睡眠往往不会产生什么有效的结果。最后，性活动也可以作为一种安全阀，使焦虑不安消除掉。很早以前，人们就知道强迫性手淫可能是由于焦虑所引起的，但是同理亦适合于一切形式的性关系。那些把性活动当作消除焦虑之主要方法的人，当他们没有机会得到性的满足，甚至只是短短一刻而已，都会变得坐立不安和极端烦躁。

第四种逃避焦虑不安的方法是最激烈、最彻底的，即躲避所有可能产生不安的情境、思维或感觉。这也许是一种有意识的过程，正如那些害怕潜水或登高的人避免自己涉身于这些活动一样。更确切地说，这个人可能明了焦虑的存在并自觉地回避它。然而，他也可能只是有些模糊的概念，或者根本不知道自己的焦虑以及对它的逃避。比如说，他可能无意识地在某些事情上有所延搁、踌躇，而不知其与焦虑相关。例如他迟迟不肯下定决心、不去看医生、不动笔写封信等。或者他可以“假装”，换言之，主观地相信他所要参加的活动——如参与讨论会、对雇员发号施令、疏远某人等——是毫不重要的，或者他可以“假装”不喜欢做某些事，并且以此理由放弃。因此一位害怕参加派对会坐冷板凳的女孩子干脆不去参加聚会，并使自己相信她根本就不喜欢社交活动。

假使我们更进一步深入到这种逃避行为自动发挥作用的所在，我们就会发现一种抑制现象。抑制状态即没有能力去做、去感受或思考某些事情，它的作用乃是避免一旦他尝试去做、去感受或思考某些事物时所产生的焦虑。在此时，清醒的知觉中感受不到任何焦虑，也没有能力凭借意识力量来克服这种抑制。抑制的作用在歇斯底里症的功能丧失中以最特异的方式表现出来：歇斯底里型的失明、失语，以及肢体瘫痪。在性领域中，性冷淡和阳痿就代表了这些抑制，虽然这些性抑制的结构可能会十分复杂。在心理方面，抑制作用表现于不能集中注意力，不能形成或表达自己的意见，不愿与他人接触等等为人所熟知的现象上。

我们如果花费几页篇幅来列举抑制的种类，以便加强我们对它们的各种形式及它们的发生频率之印象，也许是很有价值的。然而，我认为我不妨把它留给读者，让读者回顾总结他自己对生活的观察，因为抑制作用在今日乃是十分为人所熟知的现象，而且如果它们得到完全发展的话，是相当容易辨认出的。不过，我们还是要简短地讨论一下做到这一点所必须要的前提条件，以便使人知觉到抑制作用的存在。不然的话，我们将会低估它的发生频率，因为通常我们并不明了我们究竟拥有多少的抑制作用。

首先，我们必须了解到自己有做某些事情的欲望，才能了解我们没有能力完成它。举例而言，我们必须在我们明了自己有某些抑制作用之前，知道自己拥有达成哪些事情的野心。也许有人会问道，我们不是都明白自己的欲望是什么吗？但事实上绝非如此。例如，让我们假设有一个人，正聆听一次论文的宣读，同时在心中产生了一些批评意念。一种微小的抑制作用会使这人变得胆怯，不敢发表那些批评意见；而一种强烈的抑制作用，将会使他无法组织自己的思绪，结果是在讨论会结束后，或者翌日早晨，他才会再形成那些批评意见。可是抑制作用也可能强大到使那种批评念头根本不会产生。在这种情况下，假定他事实上并不同意，但他却仍然会盲目地接受别人的意见，甚至称赞它。同时他将会一点也不知道自己有所抑制。换言之，如果一种抑制作用强大到会检察我们的欲望或冲动，那么我们对它的存在就会一无所知。

第二种可以防止抑制作用为人所知的因素发生于这样一种时候，这时候抑制作用在个人的生命中行使如此重要的职能，以致他宁愿坚持认为它是一种不可改变的事实。比如说，如果有人对任何竞争工作都会产生强大无比的焦虑，结果使他在尝试任何工作时都会疲乏不堪，那么这个人可能会坚持认为自己不够强健，不能胜任任何工作。这种信念保护了他，但是如果他承认自己身上有抑制作用，他就必须回去工作，从而把自己置身于那可怖的焦虑之中。

第三种可能性使我们回到文化的因素上。如果个人的抑制作用与文化所赞许的抑制作用形式恰好相同，或与既存的意识形态相符合，那么他就永远不可能察觉到这一个个人的抑制作用。一位对接近女人的行动心存极端禁忌的人，不会感知到自己身上的抑制作用，因为他以一般人所接受的尊重女性的观念来看待自己的行为；对追求身外之物的抑制作用，很容易与认为谦虚是美德的教条相混淆。我们可能不敢批评政治、宗教或任何专业领域中居统治地位的教条，并完全意识不到这种抑制作用之存在，从而完全不明了自己身上存在着担心自己暴露于惩罚、批判或孤立的焦虑。因而，为了评断这一情境，我们必须对个体因素进行大量的详细了解。批评意念之缺乏，并不一定表示抑制作用之存在，而有可能是由于常见的思维之懒惰、愚笨，或由于具有与该教条一致的思想信仰。

这三种因素之任何一种，都可以使人无法认出和证明抑制作用的存在，甚至经验丰富的心理分析家也会发现要揭露它们是十分困难的事。不过即使假定我们可以认知它们的全部，我们对抑制作用之频率的评估仍会甚低。我们必须把下述那些反应也考虑在内，虽然它们不是完全发展了的抑制作用，却会倾向于这种作用。对这些我意指的态度，我们仍然尚有些事可以做，但是与它们有关的焦虑却会对我们的活动本身产生某些影响。

首先，采取或实施某些我们感到焦虑的行动，会产生一种紧张、疲倦、心力交瘁的感觉。举例言之，我的一位病人十分害怕走在街上，虽然她逐渐变得不再害怕，但是仍然对之有不少的焦虑，当她在星期日去散步时，会感到彻底的无力。这种耗竭并非由于任何生理上的软弱，因为事实上，她可以操持繁重的家事而一点也不觉疲累。正是与出外散步紧紧伴随的焦虑使她精疲力竭。这种焦虑已减少到足够允许她出外散步，但是仍然影响她，使她疲惫不堪。许多通常我们认为的过分操劳所引起的疲劳感，事实上不是因为工作本身，而是由于对工作或者对与同事之关系的焦虑心理所引起的。

另一方面，与某一活动有关联的焦虑，会使那些活动之功能受到损害。举例言之，如果有一种与下命令相关联的焦虑存在，那么这命令将会以歉意的、毫无作用的方式或态度表达出来。对骑马的焦虑，会使人无法驾驭马匹。人们对这种焦虑的知觉程度依情况而不同。一个人也许会明了焦虑使他无法完成某些任务，或者他只能够感觉到他无法满意地做好任何工作。

第三，与一种活动相关联的焦虑，会破坏这活动所能产生的愉悦，这种说法对微弱的焦虑而言，不一定是准确的。相反地，轻微焦虑还可能会带来更多的欢愉。抱着些许的担忧乘过山车，也许会更刺激；然而如果带有强烈的焦虑，此种活动则会产生有如酷刑般的痛苦。一种与性关系相关的强烈焦虑，会使它们变得索然无味，同时如果人们不能自觉这一焦虑，他就会产生性关系毫无意义的感觉。

最后这一点可能有点使人茫然，因为我在前文阐述过，讨厌的情绪，可以成为避免焦虑的方法，而现在我却反其道而言，说厌恶可能是焦虑的结果。事实上，这两种主张都是正确的。厌恶之情可以是避免焦虑的方法，也可以是焦虑的结果。这不过是心理现象之复杂难解的一个小小例子而已。它们复杂奥妙而且广泛，除非我们已下定决心，立意要讨论无数交互影响的互动过程，否则我们就无法在心理学的知识上取得任何进步。

讨论我们如何保护自己，防卫焦虑的目的，并不是要展示一切可能的防御心理之全部图景。事实上，我们将很快就会了解到一些防止焦虑产生的更极端的方法。我现在主要关心的论点，乃是要证明一个主张，即吾人可能会拥有比知觉到的更多的焦虑，或者根本不知道自己心存焦虑，所以我要指出我们应当注意的一些常见的共同点。

简而言之，焦虑也许会潜藏于生理不快的感觉后面，例如心跳过速或疲惫不堪等。它也许会为一些表面看来合理的恐惧所遮掩。它也许是驱使我们饮酒作乐，或沉迷于其他消遣的潜在力量。我们将会发现焦虑乃是使我们无法做事，或享受某些事物的原因，同时我们会发现它永远是抑制作用背后的主要因素。

由于某些我将在下文讨论的理由，我们的文化使个人的生活产生了大量的焦虑。因此在实际上，人人都曾建立了各种我所提过的防御机制。个人越是精神不安，他的人格就越是受这些防御机制的影响与决定，他也就会有更多更大的事不能完成，或不愿完成，虽然依照他的活力、生理状况、心理能力及教育程度，他可以毫无困难地完成这些事业。神经症越严重，抑制作用就越多，而且又精巧又强大。[①]

① 在《精神分析序论》一书中，舒尔茨-亨克特别强调了这种“缺口”(luecken)的至关重要性，这就是我们神经症患者的生活和人格中发现的那种“缺口”。

第四章　焦虑与敌意

当我们在讨论恐惧与焦虑的差异时，我们的第一个结论是，焦虑是在本质上包含了主观因素的恐惧。那么这主观因素的性质是什么呢？

且让我们以描述个人在焦虑时所体验到的经验作为开始吧。他会感受到一种强大、无法避免的危险，这使他自己感到完全绝望无助。不论这焦虑心情的表象是什么，不论它是对癌症臆想性的恐惧，还是对狂风暴雨的焦虑，对高处的病态恐惧，或任何类似的恐惧，那强烈无比的危险及对它无能为力这两种因素是绝对存在的。有时候他会感到那种让他无能为力的危险力量是来自外界——狂风暴雨、癌症、天灾人祸等等；有时候他所感知的威胁，乃是他自己内心无法控制的冲动——对自己必须从高处跳下的恐惧，或忍不住捅死他人的恐惧；有时候这危险完全是模糊不清和不可捉摸的，只是他常常处于焦虑的攻击之中。

然而，这种感觉，也不能说是焦虑的特性。任何包含了实际的危险及无依无助的情况下，正常人也会产生相同的心理。我可以想象得出，那些遭遇地震的个人之主观体验，或一个被残忍虐待的两岁婴孩的经验，与一个对狂风暴雨感到焦虑的人之主观经验毫无差异。在恐惧的状态下，危险存在于现实之中，而无助的感觉是受现实所决定的，在焦虑的状态下，危险是为心灵内的因素(Intrapsychic Factors)所激发或夸大的，而无助感则是由个人态度所决定的。

因此那牵涉到焦虑的主观因素问题，有必要简化成更具体的问题：那创造出一种强大无比的危险感觉，以及对之采取绝望无助态度的心理情境到底是什么？这个问题无论如何是心理学家所必须提出的。身体内的生化条件也可以产生这种感觉，然而由生理现象所产生的焦虑无法与心理困扰所产生的焦虑相比，因为事实上，生化条件可以促使人们松懈或睡眠休息。

在讨论焦虑这个问题时，弗洛伊德正如在其他问题上一样，指出我们必须走的方向。他借着他的杰出发现告诉我们，包含于焦虑中的主观因素存在于我们自己的本能驱力中。换言之，为焦虑所预期的危险，以及对之绝望无助的感觉，都是由于我们自身冲动的强大力量所引起的。我将在本章的结尾更详细地讨论弗洛伊德的观点，并且也要指出我的结论与他的见解的不同之处。

原则上，任何冲动都有激发焦虑的潜在力量；只要对这种冲动的发现和追求意味着对其他生存利益和需要的损害，只要这种冲动是充满热情、不可遏止的。在从前还有明确及严厉性禁忌的时代，例如维多利亚时期，屈服于性本能常常会招惹现实的危险。举例言之，一个未婚少女，如果性欲充沛，就必须面对良心的折磨或为社会所摒弃的真正危险；而那些耽迷于手淫欲望的人，则会遭受到阉割的威胁、致命的身体伤害或心理疾病的警告。这个道理在今日也是适合的，例如某些病态的性冲动，像暴露癖或恋童癖。然而，在我们今日，只要是“正常”的性冲动，我们的态度就比较宽容，因而不管在内心承认自己的性欲，或在实际上满足它，都极少牵涉到严重的危险。因此在这方面，就较少使我们为之焦虑不安。

在文化上对性的态度的改变，引致了下面这样一个事实，即依据我的经验，性冲动只有在某些个别情况下，才会成为焦虑背后的动力因素。这个见解看来似乎有些夸大，因为毫无疑问，在表面上焦虑似乎与性关系密切；神经症患者常常被发现具有与性交相关的焦虑，或者由于焦虑的结果，而有这方面的排斥心理。然而，更深入的分析指出，焦虑的基础往往不是性本能，而是与之相伴的敌对冲动，如通过性交伤害或侮辱对方的冲动。

事实上，**各式各样的敌对冲动，是神经症性焦虑产生的主要原因**。我比较不担心这一新见解，会再度听起来像一种从个别正确事例中所得出的不正确的普遍概括结论。不过在这些案例中，我们可以发现敌意与它所产生的焦虑之间的直接关联，尽管这并不是我见解上的唯一根据。人人皆知一种严重的敌对冲动可以是焦虑的直接原因，假使追求它便意味着破坏自我的目的的话。只要举一个实例就可以说明此种情形，甲陪伴着一位女孩乙登山旅行，他深爱着乙。然而由于他的嫉妒心作祟，他对她感到非常强烈的愤怒。当与她一起走到一段高耸危险的山道时，他突然感到十分焦虑，呼吸沉重而且心跳加快，因为他有一种有意识的冲动，要把那女孩推下悬崖。这种焦虑的结构正如由性欲产生的焦虑一样，是一种强迫性的冲动，人一旦屈服于它，将给自我造成大灾祸。

然而，在大部分人身上，这种敌意与病态的焦虑之间的直接因果关系却不明显。因此，为了澄清为什么我宣称在我们时代的神经症上，敌对冲动是产生焦虑的主要心理力量，我们现在必须检视一下那由压抑敌对冲动而产生的心理后果。

压抑敌对冲动，表示“假装”一切正常，因而使自己在应该战斗时避免战斗，或者至少在希望打斗时避免打斗。因此这种压抑的第一个不可避免的结果，乃是它产生了一种无依无靠的感觉，或者更确切地说，它加强了一种早已存在的无力保护自己的感觉。假如当个人的利益具体地受到侵犯，而把敌对冲动压抑下去，则会使别人能够占他的便宜。

一位化学家 C 的经历，代表天天发生的这一类情形。C 由于工作过度，因此产生了神经症式的心力交瘁的情形。他天分很高，才华过人并且野心很大，但自己却不知道这一点。由于某些我们暂时搁置的理由，他把他的野心需求压抑下去，因而外表显得很谦虚。当他进入一家大化学公司的实验室时，遇到另外一位同事 G，G 年岁比 C 稍大、职位也较高。他保护着 C，并对他非常友善。由于一连串的个人因素——依赖别人的关爱、对批评的胆怯心理、未能认出自己的野心，因而也未能从他人身上看出——C 很高兴地接受了这种友谊，而未能注意到在事实上 G 除了自己的职位外，对任何事皆漠不关心。因此有一次，当 G 发表言论，提出一种可以付诸实践的发明创见，而事实上这主意乃是 C 的发现时（他曾经在一次友好的交谈中透露给 G），C 为之震惊不已，不过并不强烈。有一阵子，C 对 G 感到不信任，不过由于他自己的野心激起了他内心的强烈敌意，因此他马上压抑了这种敌意，但也同时压抑了合理的不信任及批判，因此他仍然相信 G 是他最好的朋友。自然而然，当 G 劝告他中止某些工作时，他毫不犹豫地接受了这一劝告。当 G 制造了一种 C 本来可能先制造出的发明后，C 只是觉得 G 的才华及智慧非自己所能望其项背。他为了能有这样一位值得称赞的朋友而高兴。因而借着压抑他的不信任及他的愤怒，C 无法注意到实际上 G 乃是他的敌人，而不是他的朋友。由于他执着于相信自己所喜欢的错觉，C 一点也不想为自己的利益奋斗，他甚至未能察觉他自己的重要利益已遭受侵害，自然也不能为它而奋斗，只是允许别人从他的软弱中获取利益。

这种以压抑作用来克服的恐惧，也可以借有意识地控制敌对心理来实现。不过个人采取控制还是压抑，并非他个人所能决定的，因为压抑作用乃是一种反射般的过程。如果在某一特定情境下，吾人无法忍受察觉自己的敌意时，它就会发生。当然，在这样的情形下，不可能产生有意识的控制方法。对敌意的知觉会成为不可忍受的主要理由，乃是因为自己所抱敌意的人，也可能同时是自己所爱或需要的人。或者是吾人可能不想看到自己产生敌意的原因（如妒忌或占有欲），或者是害怕发现自己居然会对别人产生敌意。在这种环境下，压抑作用乃是最便捷快速的获得安心的方法。凭借压抑作用，那令人害怕的敌意从意识知觉中消失，或不被允许进入意识知觉内。我愿意以另一种语言重复这个句子，因为它虽然简单易知，但却是在心理分析的见解中最少为人了解的论点之一：如果我们压抑了敌意，我们对此敌意就一点也不知道。

然而，使自己恢复安全感的最快捷方法，在长远来说并不一定是最安全的方法。由于压抑作用，那敌意——或者为了指出它的动力性质，我们最好在此使用愤怒这个词——遂从意识知觉中移除，但却没有消除掉。它从个人的人格内容中分离出来并失去控制，由此它具有了高度爆炸性及喷发性，会在他内心越滚越大，因此必须加以发泄。所以被压抑的感情之爆发会更剧烈，另外由于它的隔离性，它遂拥有了更强大及更奇异的势力范围。

只要我们察觉到敌意，那么它的扩展就被三种方式限制着。第一，在特定情况下，个人考虑了周遭环境后，明白他对敌人或假想敌人能做或不能做什么。第二，如果这敌意的对象乃是他所尊敬、喜欢或需要的人，他的愤怒迟早会融入他的全体感觉之内。最后，只要人能够明白什么是可以做的，什么是不应该做的，只要他发展出这种人格，那么这种人格也会限制住他的敌对冲动。

但假若愤怒被压抑了，那么被这些限制碰触的可能路径遂被切断，结果会使敌对的冲动从内部和外部同时突破那些限制，虽然这只是在想象之中。假如我上文所提到的化学家，如果服从自己的本能，他就会告诉别人，G如何破坏了他的友谊，滥用他的友谊，或者向上级报告G剽窃了他的观念，或者防止他得到此发明。然而由于他的愤怒被压抑下来，这种愤怒就分裂并扩大了，并可能出现在他梦境中。情况很可能是，在他的梦境中，他以某些象征形式犯了谋杀罪，或者成为令人赞誉的天才，而别人却落得精神崩溃的下场。

凭借分裂作用，这压抑的敌意经过一段时间后，会为外在因素所强化。比如说，一位高级职员对他的主管产生敌意，因为这主管没有与他沟通，就自作主张做了一些安排。但如果这位高级职员压抑了他的敌意，从不对这安排提出反对意见，那么他的主管一定会一直骑在他头上作威作福。因此新的敌意也将会不断地产生。①

压抑敌意的另一结果，乃是这人遂把那失去控制的极具爆炸性的感情，一直郁积在自己内心。在讨论这个结果之前，我

---

① F·金克尔(F. Kuenkel)在《性格学导论》(*Evnfuehrung in die Charakterkunde*)曾提醒我们注意下述事实，神经症患者的态度往往会产生一种环境反应，以便增强这一态度，结果使个人越陷越深，而越来越难以挣脱自己的心理困境。金克尔称这种现象为魔鬼之圈(Teufelskreis)。

们必须考虑一下它所导出的一个问题。根据定义，压抑一种感情或一种本能的结果，乃是个人不再知觉它的存在，因此在他的意识心灵中，他一点也不知道他心中存有对他人的敌意。那么我如何能说他“郁积”这被压抑的感情于自己内心呢？答案在于下述事实，即在意识与无意识之间没有严格的两者择一的划分，不过正如沙利文在一次演讲中所指出的那样，意识有许多层次存在。不只那被压抑的本能仍在作用——这是弗洛伊德的基本发现之一——同时在意识的更深层次中，个人也明了它的存在。把这句话尽可能简化的话，是表示在根本上，我们不可能欺骗自己，事实上我们对自己的观察比自己所知道的还要更清楚，正如我们比自己所想象的更能了解别人——比如说，我们对一个人的第一印象往往十分正确——不过我们可能有很迫切的理由，不去认知自己的洞察力。为了避免重复说明，我将使用“郁积”一词，来指我们明了自己内心的历程，但没有自觉地意识到这一点。

这些被压抑的敌意所产生的结果，本身就可能足以产生焦虑，尤其在这种敌意及其对别的利益所产生的危险足够强大时，就一定会产生焦虑。模糊的焦虑不安状态也许就是通过这种方式形成的。然而，这种过程往往并不只到此为止，因为常常有一种强迫性的需求，要消除这危险的情感，这情感会从内部威胁人的利益及安全。于是第二种反射般的过程发生了：个人把他的敌对冲动“投射”到外在世界。第一种“伪装”，即压抑作用，需要第二种伪装来补充：他“伪装”那破坏性的冲动并不是从他身上发出的，而是从别人或外界的事物中所产生的。自然而然地，他的敌对冲动所针对的人，将会是他所投射的对象。结果是这个人就被假定为无比可怕的对手，部分是因为这个人具有了自己受压抑的冲动所具有的残酷无情的性质，部分是因为在任何危险下，能力的大小不只是取决于实际情境，也取决于人对这一处境所采取的态度。人越无依无助，那出现的危险就显得越大。[①]

作为一种副作用，这种投射也可以用来满足往自己脸上贴金(Self-justification)的需要。并不是个人自己要欺骗、偷窃、侵犯、侮辱他人，而是他人要对自己如此。一位忽略自己内心要伤害自己丈夫的冲动的妻子，会主观地相信自己最忠贞体贴，并因为这种投射作用，认为她的丈夫是个要伤害她的野兽。

① 弗洛姆在《权威与家庭》(“Autoritaet und Familie”)一文中，很清晰地提出，我们对危险情境的反应所生的焦虑不安，并不机械地随现实危险的程度而增加。一个发展成一种无依无靠及被动消极的个人，对较小危险的反应，会是极度的焦虑不安。

这种投射过程还可能得到(也可能得不到)另一种为达到同一目的的其他心理过程的支持：一种对报应的恐惧也许会抓住这种压抑的冲动。在这种情形下，一个要伤害、欺骗、不忠于别人的人，也害怕别人会以其人之道还治其人之身。这种对报应的恐惧究竟在多大程度上算是人类的通性？究竟在多大程度上来源于原始人对罪恶与惩罚的经验？它多大程度上被假设成个人报复的驱力？我且不做任何回答。毫无疑问，它在神经症患者的心灵中发挥着重要的作用。

这种由受压抑的敌意所导致的心理过程，结果产生了焦虑情绪。事实上，压抑丝毫无差地产生了与焦虑具相同特性的情况：对于从外界袭来的强大无比的危险，他感到无法防御。

虽然焦虑发展的步骤在本质上是简单的，但在实际上，产生焦虑的条件却难以了解。其复杂因素之一，乃是这被压抑的敌意冲动常常不是投射于相关的人身上，而是投射于其他事物上。举例言之，在弗洛伊德的一个个案中，小汉斯并没有发展出对他父母的焦虑，而是发展出对马匹的焦虑。[①]我的另外一位非常敏感的病人在她压抑了对她先生的敌意冲动后，突然形成对于游泳池中水爬虫的不安。看起来似乎世间任何事物，从微

① 弗洛伊德《论文集》，第3卷。

生物到狂风暴雨都会成为焦虑不安的对象。这种把焦虑心情从人身上转移开来的理由十分明显。假若这焦虑实际上是针对父母、丈夫、朋友或十分熟悉亲密的人，那么这种敌对心情就与现存的权威、爱恋或欣赏关系一点也不相称。这些案例的原理就是否认对周遭的敌意。借压抑自己的仇视，人们否认自己有任何敌对心情；把愤恨投射于狂风暴雨上，他又否认了他人会存在任何的敌意。许多美满婚姻的幻象就是根据这种鸵鸟政策而建立的。

这种对敌意的压抑作用，使焦虑的产生不可避免之结论，并不表示每次这一过程出现时，焦虑一定会随之显现出来。焦虑也许可以即时就被我们所讨论过并将在后文讨论的心理防御机制所移除。处于这一情境下的人，可能会借下述方法来保护自己，例如，发展出对睡眠或饮酒的过分需求。

焦虑的形式有无限多种，它们都可能是从敌意受压抑的过程中产生出来的。为了更深入了解它的结果，我将分类列举其各种不同的可能性。

A：感到危险来自自身内部冲动。

B：感到危险来自外界。

从压抑敌意之结果上看来，A 群似乎是直接由压抑作用产生的，而 B 群则代表了投射作用。A 与 B 两者都可以再区分成两个亚群。

Ⅰ：认为这危险是针对自己。

Ⅱ：认为危险是针对他人。

我们由此可以获得焦虑不安的四个主要种类：

AⅠ：认为危险来自自己的内部冲动，并且针对自己。在这一群体中，敌意再度朝向自己，我们将在下文中讨论这种过程。（实例：对自己从高处跳下的病态恐惧。）

AⅡ：认为危险来自自己的内部冲动，并且针对别人。（实例：对自己用刀伤害别人的病态恐惧。）

BⅠ：认为危险来自外界，并且针对自己。（实例：害怕狂风暴雨。）

BⅡ：认为危险来自外界，并且指向他人。在这一群体中，敌意乃是投射至外在世界，而敌意所针对的原初对象仍然存在。（实例：过分担心的母亲对威胁其子女的危险所产生的焦虑不安。）

不用说，这种分类的价值是有限的。它也许在提供一种迅速判断上有些用处，但是它并没有包含一切可能的情况。举例言之，我们不能从具有 A 类的焦虑的人群身上，推论说他们从不投射他们被压抑的敌意；我们只能推论说在这种特定的焦虑形式上，投射作用暂时缺失。

敌意能够产生焦虑，但这两者之间的关系并不止于此。这过程也可以换一种方式发生：当这焦虑产生于被威胁的感觉时，它就会很容易地转而变成一种防卫形式的反应性敌意。在这方面，它与恐惧并没有什么不同，因为恐惧同样也会产生攻击心理。假如这种反应性敌意也被压抑了，那么它又会产生焦虑，于是一种恶性循环出现了。这种敌意与焦虑之间的交互作用，其结果往往是一方激发并增强另一方，这使我们了解为什么会在神经症患者身上，发现如此多的无休止的敌意。[①]这种交互性的影响，也是为何那种严重的神经症患者虽没有任何明显的外界困难情境，却会每况愈下的基本理由。焦虑和敌意哪一个是最先产生的因素并不重要。对一位神经症患者的动力学非常重要的是，焦虑及敌意乃是错综复杂地交互影响的。

一般而言，我们提出的焦虑概念，是根据心理分析方法发展建立的。它要与无意识力量即压抑作用、投射作用等原动力共同运作才能发挥作用。然而假如我们更详细地追究，就会发现它与弗洛伊德所采取的立场，在许多方面大不相同。

弗洛伊德曾相继提出两种有关焦虑的观点。第一种，简言

① 一旦我们意识到敌意经由焦虑得到强化，我们似乎就没有必要去为这种破坏性的驱力寻找一个特殊的生物学根源，像弗洛伊德在他关于死亡本能的理论中所做的那样。

之，焦虑乃是从对本能冲动之压抑而产生的。这完全是指性本能，同时也是纯粹的生理学的解释，因为它根据下述信念，认为假如制止性能量的释放，它就会在肉体上产生生理性紧张，转而形成焦虑；依照他的第二种观点，焦虑——或者他所称的神经症焦虑——乃是从对这些冲动的恐惧而产生的，对此本能冲动的发现或追求会产生一种外在的危险。[①]这第二个解说是心理学的，它不只是指性冲动，也指攻击冲动。在这种对焦虑的解析上，弗洛伊德并不关心冲动的压抑或不压抑，而只关心对这些本能冲动的恐惧。因为对这些本能冲动的放纵会产生一种外在的危险。

我的概念则是基于一个信念，认为弗洛伊德的两个观点必须加以融合，才能了解全部真相。因此我放弃了第一个观点的纯粹生理学上的根基，并将它与第二个观点融合。焦虑很少因我们对本能冲动之恐惧所产生，而更多地是因我们对受到压抑的本能冲动之恐惧所产生的。对我而言，弗洛伊德之所以没有好好运用他的第一个观念——虽然它来源于精细的心理学观察——理由是他只用生理上的观点来阐释焦虑，而没有提出个人如果压抑了一种本能冲动时，他的内心会发生什么变化的心

① 弗洛伊德《精神分析新论》中《焦虑与本能生活》一章。

理学问题。

第二点我不同意弗洛伊德之处，在理论上并不重要，但在实践中却非常重要。我完全同意他的意见，认为焦虑可以从每种本能冲动——因其放纵会引起外界危险——中产生。性冲动的确是其中一种，但是只有个人和社会在这些冲动上设置了严厉的禁忌的情况下才会产生危险。[①]从这一观点来看，由性冲动所引起的焦虑之频率，很大程度上应依据特定文化对性欲所采取的态度。我不认为这种性欲乃是焦虑的特定来源。然而我完全相信，在敌意上，更确切地说，在被压抑了的敌对冲动上，存在着产生焦虑的特定来源。把我在这一章所陈示过的概念，更简单地概括起来就是：只要我发现焦虑或其迹象，我脑海中所产生的问题乃是——哪一个敏感点被伤害了并且导致敌意，以及为何存在压抑的必要性？根据我的经验，朝这些方向探求，常常会使我们对焦虑得到令人满意的理解。

我与弗洛伊德有所分歧的第三点，乃是因他认为焦虑只有在童年时才会产生，开始于所谓的出生基本焦虑，并继而发生阉割恐惧，而生命后期所产生的焦虑，皆是基于童年时代的幼

① 在某些社会中，可能正如塞缪尔·勃特勒(Samuel Butler)在《埃瑞璜》(*Erewhon*)一书中所描绘的那样，任何生理疾病都会遭到严厉惩罚，致病的冲动是被禁止的。

稚反应。“毫无疑问，在我们所谓的神经症患者身上，在他们对待危险的态度上仍有幼儿期的焦虑残余，并且没有从过去的焦虑处境中成熟起来”。①

且让我分别地讨论一下这种解说中包含的各个要素。弗洛伊德主张在童年时期，我们特别容易产生焦虑的反应。这是无可怀疑的事实，它有充分的容易被理解的理由，因为孩童对外在的不利影响，一般而言比较无助。事实上，在神经症患者中，我们总是不可避免地发现焦虑的形成乃是在其童年早期就开始的，或者至少我所说的基本焦虑的根基，在那个时候就已奠定。然而，除此以外，弗洛伊德还相信成年神经症患者的焦虑，仍然与那最初产生它的情境紧密相关。比方说，这表示一个成年人仍然会如幼儿一样为阉割恐惧所苦，虽然其形式稍有改变。毫无疑问，在少数的例子上，我们可以发现童稚时期的焦虑不安反应，会以毫无改变的形式在适当的条件下在成年人身上重新出现。②

① 弗洛伊德《精神分析新论》中《焦虑与本能生活》一章。

② J·H·舒尔茨在《神经症、生活困境和医疗责任》一书中记录了这种病例。一个雇员经常变换工作，因为特定的老板会使他恼火和焦虑。精神分析表明那些上司有某种特定的胡须并使他反感。病人的反应证明，他 3 岁时，他的父亲曾用残酷的方式殴打过他的母亲，他曾对此极为恼火和焦虑，他对老板的反应不过是对他父亲的反应的一种重复。

然而，一般而言，我们所发现的并不是重复，而是发展。在某些病例中，心理分析可以使我们对神经症是如何发展形成的有十分完整的理解，我们可以发现从早期的不安到成年的奇异人格之间，有一条没有中断的反应链存在。因此，后来的焦虑不安，除了包含其他情境外，也包含着童年时所存在的特定冲突。但是就全体而言，这焦虑并不是一种幼稚的反应。如果认为它是如此，那么就等于混合了两种不同的事实，即把一种幼稚的态度，错当作只由童年产生的态度。我们如果有正当的理由把焦虑称为一种幼稚的反应，那么公平起见，我们就也有同样正当的理由，把它说成是儿童身上早熟的成人态度。

第五章　神经症的基本结构

焦虑可能完全只是因为实际的冲突情境所引起，然而，假使我们在一种病态人格中找到焦虑所由生的情境，那我们必须去探究其以前存在的焦虑，以便说明为何在这一特定的时刻，他会产生敌意并加以压抑。我们将会发现这种以前就存在的焦虑，同样是一种从前存在的敌意之结果，如此反复循环，永不停止。为了理解这全部过程是如何开始的，我们不得不回溯至童年时期。①

这将是我处理童年经验问题的少数场合之一。相比于其他心理分析学者，我较少讨论到童年时期，理由并不是因为我认为童年时期的经验不那么重要，而是因为我在本书中，所要讨论的是神经症人格的真实结构，而不是产生它的个体经验。

在检视了许多神经症患者的童年史之后，我发现他们身上的共同点，乃是一种共同情境，这情境显示出下述特性的综合形式。

基本的问题是缺乏真诚的温暖和关爱。一个孩童可以忍受一般的所谓创伤——例如突然的断奶、偶尔的责打、性经验等——只要在他内心深处，能感受到被需要及被爱护。不必说，孩童能够很敏锐地感觉出这爱是否真诚，而且绝不会受任何虚假的外在行为所欺骗。为什么孩童没能接受足够的温暖及亲情，其主要理由，乃是由于父母自己患有神经症或人格异常，使他们不能给予儿童温情。尤其常见的是，依据我的经验，这种温情的基本缺失被隐瞒了，而父母宣称自己心中所思所想都是为了子女的利益。教育学家说，一位“理想母亲”的自我牺牲或过分关怀的态度，乃是造成这一气氛的主要因素，正是这一气氛为孩子将来的不安全感奠定了至关重要的基石。

尤有甚者，我们发现在父母身上所表现出来的许多行动与态度，只会让子女产生敌意。例如对某一子女的特别宠爱，不公平的责骂，令人捉摸不定的忽而过分溺爱、忽而声色俱厉的拒绝，不能实现的诺言等。在对待子女的迫切愿望的态度上，从一时的不闻不问，到不断地加以干涉，例如破坏子女与别人

① 我在此处并没有触及这种童年回溯，要回溯多远才对心理治疗而言是必要的问题。

的友谊、嘲笑他们的独立思想、破坏子女自己的兴趣——不论是艺术上、体育上或技术上的等等——父母的这些态度，即使不是有意的，也或多或少在效果上破坏了子女的意志。

精神分析文献在讨论到引起子女怨恨心理的种种因素时，多是强调孩童愿望的受挫以及儿童嫉妒心理，前者尤其着重于性方面。很有可能，童稚的敌意之所以产生，有一部分是由于文化态度对一般的逸乐及特别的童稚性问题禁忌，不论后者是性好奇、手淫或与其他儿童的性游戏。不过挫折绝对不是反叛性敌意的唯一来源。观察表明，毫无疑问，儿童正如成年人一样，能够接受许多责备，只要他们觉得这责备是公平的、公正的、必要的或有目的的。举例言之，孩童不介意要求清洁的教育，如果父母不施加太大的压力，不以过分残忍或严厉处罚来压制孩童的话。儿童也不介意偶尔的惩罚，只要他能确实感到自己是被爱的，而处罚也是公正的，并不是有意要伤害或侮辱他。这种挫折是否会引起敌意的问题，令人难以判断，因为对儿童加诸许多责备的环境中，通常尚有许多其他可能引起敌意的因素存在。重要的是挫折所包含的精神，而不是挫折本身。

我所以强调这一点，理由是一般人常常强调了挫折的危险性，使得许多父母滥用这种观念，远远超过了弗洛伊德当初的本意，并使父母们毫不干涉子女，生恐他因此而会受到伤害。

嫉妒在孩童与成人身上，的确是怨恨的来源之一。毫无疑问，兄弟姐妹之间的嫉妒[①]以及对父母中一位的嫉妒，在精神不安的子女身上扮演了重要角色。在孩童长大后，这种态度也会造成终身的影响。然而，我们也不免会产生疑问，即产生这种嫉妒的情境是什么？那些在兄弟阋墙及在俄狄浦斯恋母情结中所发现的嫉妒反应，在每个孩童身上都是与生俱来的吗？还是它们乃是由特定情境所产生的？

弗洛伊德的观察，认为俄狄浦斯情结是神经症患者都具有的。他在他们身上发现强烈的对父母的嫉妒反应，其强烈程度足够产生破坏性并引起恐惧，会对人格的形成及人际关系产生永久性的困扰。他从我们今日的神经症患者身上，常常观察到这种现象，因此他假定它是普遍的。他不只假定俄狄浦斯情结是神经症的核心，也尝试根据这一基点，来了解其他文化中的复杂现象。[②]这种概括化实在令人怀疑。的

① 参见戴维·利维(David Levy)《兄弟竞争试验中的敌视模式》，载于《美国精神卫生学刊》(*American Journal of Orthopsychiatry*)第6卷，1936年版。

② 参见弗洛伊德《图腾与禁忌》一书。

确，有些嫉妒反应在我们文化中，很容易会在兄弟之间发生，也在父母与子女之间引起，或者在每一个紧密生活在一起的群体中发生。但是这并不能证明，这具破坏性的永久的嫉妒反应——当我们在谈到俄狄浦斯情结或兄弟阋墙时，就是在说这种嫉妒反应——在我们的文化中（更不必说其他文化），如弗洛伊德所假定的那么普遍。它们一般而言固然是人性的反应，但却是从孩童所生长的环境中，人为地产生出来的。

到底哪一种因素应该对产生嫉妒负最大责任，我们将在后文中有所了解，那时我们要讨论病态嫉妒的一般内涵。我们不妨在此一提，缺乏温情及鼓励竞争的精神有助于产生此一结果。除此以外，那些精神焦虑或人格失常的父母，他们创造了我们上文所讨论的那种气氛，他们本身通常对自己的生活不太满意，没有满足的情绪或性关系，因而会倾向于使子女成为他们爱欲的对象。他们将情感需求放在孩子身上，他们对亲情的表达，并不永远带有性色彩，不过无论如何，它是富有情绪意义的。我不甚相信孩童与父母彼此间关系所潜在的性欲，会强大到足够引起一种潜在的心理紊乱。无论如何，我不知道有什么病例，不是由于精神异常的父母借恐怖手段与温柔，来逼迫子女进入这种充满热情的亲密关系，并带上了弗洛伊德所描述的占有欲及嫉妒等全部情感内涵。①

我们习惯于相信对家庭或家庭中的某些成员的怨恨敌对心理，对孩童的发展是不幸的。当然，如果孩童不得不抵抗神经症父母的行为，的确是不幸的。然而，如果有充分的反对理由，那么对儿童人格的形成所具有的危险，并不是存在于感受或表达抗议之上，而是在于对抗议的压抑。对批评、抗议或责备的压抑，会产生许多危险，其中之一是孩童会把所有的责任揽到自己身上，谴责自己，并感到自己不值得被爱。这种情境的内涵，我们以后将会加以讨论。我们在此所遭遇到的危险，乃是受压抑的敌对心理，可能会产生焦虑，并开始形成我们上文已讨论的病态人格。

为什么一个孩童在这种环境中成长，会把敌对压抑下去，理由有很多，而且是以不同的程度通过不同的组合方式发挥作用，它们是：无助、恐惧、爱或罪恶感。

---

① 这些见解的一般观点与弗洛伊德的俄狄浦斯情结观念并不一样。我以为俄狄浦斯情结不是生物学上的现象，而是受文化所制约的。由于这一观点曾为许多学者讨论过——如弗洛姆、马利诺夫斯基(Malinowski)、贝姆(Boehm)、赖希(Reich)，我只指出可能在我们的文化中产生俄狄浦斯情结的因素：在婚姻中缺乏和谐，两性关系冲突，父母的滥用权威，对孩童之性欲表现的禁忌，把孩童幼稚化、使其对父母有情感依赖并使之孤立的倾向。

孩童的无助，常常只被当作一件生物学事实。虽然孩童有一段漫长时期实际是依赖着他的周遭环境，以满足自己的需求——因为比起成年人，儿童的力量不够强大，也缺乏经验——然而，一般人却过分强调了生物学的影响。儿童在2至3岁后，就会产生一种决定性的改变，从生物性依赖转变为一种包括了心理、智力及精神生活的依赖。这种变化一直持续，直到儿童成熟至青春期，并且能够自己维生为止。不过，在孩童对父母的依赖程度上，有很大的个体差异，这一切都取决于父母在儿童教育中所要达到的目的：父母的倾向是要使孩童强壮、勇敢、独立自主、能够应付一切情境，还是倾向于保护子女，使他顺从听话、对实际生活完全无知。或简言之，直到20岁或更大时，仍然视其为婴儿。那些在异常情境下成长的孩童，他的无助感常常因过分呵护、威吓或使孩童始终停留在情绪依赖状态而被人为地增强。孩童越被塑造得无依无助，他就越不敢感受或表达反抗心理，而这种反抗的爆发就会推迟得越久。在这种情境下，那潜藏的感觉——或者我们可以称之为格言——乃是：*我必须压抑我的敌意，因为我需要你。*

恐惧可以直接由威胁、禁令或惩罚而产生，也可以由突发的脾气或孩童所目击的暴力镜头所引起。它也可以由间接的威吓所引发，例如在孩童脑海中灌输人生中的一些危险事物——

细菌、街上的车辆、陌生人、野孩子、爬树等等。孩童越被弄得忧心忡忡，他就越不敢显示或甚至感受敌意。在此其信条是：*我必须压抑我的敌意，因为我怕你。*

爱也许是压抑敌意的另一理由。当真诚的温情丧失时，父母常常会在口头上强调他们是如何爱护子女，如何费尽心血地牺牲自我。一个身处这种环境的孩童，如果其又受到温和恐吓，也许会紧紧地抓住这种爱的代替品，并且害怕自己会反叛，因为生恐丧失由服从和柔顺而获得的报酬。在这种情况下，其信条是：*我必须压抑我的敌意，因为我害怕失去爱。*

直至目前为止，我们已讨论了造成孩童压抑对父母的怨恨之情境，因为他害怕任何敌意的表达，都会破坏他与父母之间的关系。他受恐惧心的驱使，生恐这些强大无比的巨人会遗弃了他，收回了他们对他的爱护，或起而反对他。除此之外，在我们的文化中，孩童常被教育，如果他有任何敌意或反抗的感觉与表现，他应该为之感到羞耻罪恶。换言之，他被教育成：一旦他表现或感受到对父母的敌意，或者打破了他们所建立的条规，他要认为自己是一文不值的或轻视自己。这两种产生罪恶感的原因是关系密切、交互影响的。孩童越被教育对破坏一项禁忌的法规感到罪孽深重，那么他就越不敢对父母有任何轻视或责难之意。

在我们的文化中，性欲乃是最经常激发罪恶感的领域。不论这种禁制是经由可见的沉默表现出来，还是借公开的威胁与惩罚而表现，孩童常常会觉得，不只性好奇心及性活动是受禁止的，而且如果他沉迷于性欲中，他就是肮脏下贱的。假如孩童对父母有任何性的幻想，那么虽然他们由于性欲禁忌，会将此幻想压抑而不表达出来，但这种念头仍然会使孩童感到罪孽深重。在这种情况下，其信条是：*我必须压抑敌意，因为我如感到敌意，我就是个坏孩子。*

我们上文所提到的各个因素，可能会以各种形式被加以综合，这些都会使一个孩童把他的敌意压抑下去，并因而产生焦虑。

然而是否每一种童稚期的焦虑都必然地在最后会导向神经症？我们的知识尚未进步到能够恰当地回答这个问题。我的信念是，童稚的焦虑是个必要因素，但是对神经症的发展却不是充足的原因。似乎有利的环境，例如早期周遭环境的改变，或任何种类的正面影响，都可能防止某种特定的神经症人格的形成。然而，假使生活情境并不会减少焦虑——正如大多数情境所经常显示的，那么不只这种焦虑会遗留下来，而且——正如我们在后文将要看到的——它会不断地逐渐增强，并且推动那些足以构成神经症的一切内在过程。

在那些可能对童稚焦虑的未来发展产生影响的诸多因素中，有一种是我特别要加以讨论的。敌意与焦虑的反应会被局限于那些迫使孩童产生不安的环境中，还是会发展成一种对一般人的敌意及焦虑，这两者之间有着很大的差别。

举例言之，假若一个孩童足够幸运，拥有一位慈爱的祖母，一位善解人意的老师，一些好朋友，那么他对他们的经验，会防止他感到人人都不安好心。一个孩童在家庭中的处境越困难，那么这个孩童就越可能会发展出对父母及其他子女的憎恨反应，同时也会对每个人都采取不信任及轻视、敌意的态度。孩童越被孤离、越不能从与别人的交往中形成自己的经验，那么这种病态人格就越强烈。最后，孩童越掩饰他对自己家庭的敌意，例如借服从、赞同父母的态度来掩饰，那么他就越会把他的焦虑投射至外在世界，因而变成相信一般的“世界”是充满危险与恐怖的。

这种对“世界”的普遍焦虑，也会逐渐发展或增强。一个在我们所描述的环境下成长的孩童，将不敢在他与他人的交往中，与他们一样富有进取心、冒险心或好斗。他将会丧失被需要的确定感，同时甚至会把一件无害的玩笑，都当作无情残忍的拒绝。他将会比别人更容易感受到伤害或侮辱，并且比别人更无能力去保护自己。

由我所提过的因素所形成的情境，或者由相似因素所生的情境，乃是一种在内心不断增加并且无所不在的孤独感，及置身于一个敌对世界中的绝望感。这种对个体环境所做出的尖锐的个人反应，会凝固、具体化成一种人格态度。这种态度并不构成神经症，它只是一种适合栽培的土地，由此土地可能随时随地会发展出特定的神经症。由于这种态度在神经症中扮演了一个基本的角色，因此我特别给它一个特定的称呼：基本焦虑。它与基本敌意（Basic Hostility）不可避免地交互影响。

在心理分析中，透彻地探究了焦虑的不同个别形式后，我们会逐渐发现一个事实，即基本焦虑潜藏于所有人们的关系中。个体的焦虑也许是由具体原因所激发，而基本焦虑，即使在实际情境中没有特定的刺激的情况下也持续存在。假若拿全部的神经症现象，与国家政治不安的状态相比较的话，基本焦虑与基本敌意，将与潜在的对国家的不满与抗议相似。在这两者之中，可能完全看不到任何表面的骚动，但它们可能以变化多端的形式出现。在国家政治上，它们可能表现为罢工、暴动、抗议、示威游行。在心理的领域上，焦虑不安的形式也会以各式各样的症状表露出来。尽管激发的动因有多种形式或面貌，所有的焦虑表现却都是从同一共通背景发源出来的。

在单纯的情境神经症中，并没有基本焦虑出现。它们是由对个人的实际冲突情境之病态反应所构成的，这个人的人际关系并未受到困扰。下述实例，也许可以说明这种情形，它们时常在实际的心理治疗中被发现。

一位年约45岁的女人，抱怨自己晚上会心跳过速及焦虑不安，并伴有大量盗汗。在她身上没有任何生理上的异常，而一切证据皆显示她身体健康。她平常给人的印象是，古道热肠、心直口快。20年前，由于一些环境因素而不是她本人的意愿，她嫁给了一个比她大25岁的男人。她与他一同快乐地生活，性方面得到满足，并且生育了三个发育良好的子女。她十分勤勉并擅长做家事。在最近五六年来，她的丈夫开始变得有些古怪，而且性能力有点不济，但是她忍受了这一切而没有任何神经症的反应。烦恼开始于7个月前一位与她差不多同年龄的、可以托付终身的英俊男人，开始注意她，向她献殷勤。结果，她对年老的丈夫开始产生怨恨，不过因为她的全部心理与社会背景不允许她如此，同时又考虑到她那十分美满的婚姻关系，她完全压抑了这种感觉。经过几次交谈分析的帮助后，她可以诚实地面对这冲突的情境，并消除了自己的焦虑不安。

拿神经症人格与上文所举出的单纯的情境性神经症加以互相比较，更能够让我们看出基本焦虑的重要性。后者可以在健康的个人身上出现，这个人由于可以理解的理由，不能够有意识地解决一种矛盾冲突的情境，换言之，他们无法面对冲突的存在与冲突的性质，因而缺乏能力做一个清楚的决定。这两种神经症形式间的明显差异之一，乃是对情境神经症的心理治疗有极大的成功率；对性格神经症的心理治疗非常有难度，并且自然而然地会经过一段漫长的时期，有时候长到使病人不能耐心地等待痊愈，但是情境神经症却比较容易解决。为理解情境神经症的一次讨论，往往不只是对症状的治疗，而且也是对病因的治疗。病因疗法就其他案例而言，指的是借改变环境而去除困扰。①

因此在情境神经症中，我们会得到一种印象，即在冲突的情境与神经症反应之间有密切的关系，这个关系似乎在性格神经症中并不存在。由于已存在的基本焦虑，最轻微的原因也会激起最强烈的反应，我们可以在后文更详细讨论这一点。

虽然焦虑不安的表面形式，或者对抗焦虑的防御措施的表面形式，其范围是无限多的，并且在不同个体身上表现不同，但基本焦虑却或多或少在任何地方都一样，只有在强度上及范围上有所差异。我们或许可以粗略地把它描述为一种自觉渺小的感觉，无足轻重、无能为力、被遗弃、受威胁的感觉，一种

① 在这些情形中，心理分析既不必要，也不可取。

仿佛身处于一个充满了侮辱、欺骗、攻击、贬损、出卖及嫉妒的世界中的感觉。我的一位病人，在她描画的一张图片中表现了这种感觉。在画中，她孤独无依地置身于画面的中央，是一个渺小、无助而赤裸的婴儿，周围充满了各式各样的妖魔鬼怪、人和动物，他们张牙舞爪，准备攻击她。

在各种精神疾病的患者身上，我们常常会发现病人对这种焦虑的存在之高度知觉。在患有偏执妄想症的病人身上，这种焦虑被局限于某一个特定的人身上，而在患精神分裂症的病人身上，常常对周围世界的潜在的敌对心理有敏锐的知觉，敏感到使他们甚至把善意都当作潜在的敌意。

然而，在神经症中，病人很少会对基本焦虑或基本敌意的存在有任何自觉，至少不知道它对全部人生的重要性及分量。我的一位病人，在梦境中看到自己变成一只小老鼠，为了避免被人踩到，不得不躲藏在洞里——这十分真切地描绘了她在实际生活中的行为。她一点都不知道，事实上，她害怕每一个人，然而她却告诉我说她不晓得焦虑是什么。对一切人都不信任的基本敌意，也许可以借一种肤浅的信念来掩饰，即相信人通常都是十分可爱的，也可以和一种与他人表面敷衍的友好态度同时存在。一种对所有人的深深蔑视，也完全可以借随时随地称誉别人而加以伪饰。

虽然基本焦虑的对象是人，但是它可能会完全地改变它的人格特质，而转化成被狂风暴雨、政治事件、细菌、意外灾祸、罐头食品所威胁的感觉，或转化成此乃是命中注定、在劫难逃的感觉。一个受过训练的观察者，可以毫不困难地认出这些态度的基础，但对神经症患者来说，却往往需要我们进行大量深入细致的精神分析工作才能使他认出这焦虑不安的真正对象，并不是细菌之类的，而是人；并同时认出他对他人的恼怒，并不是或不只是对某些实际情况所做出的公平而恰当的反应，而是他对别人所形成的基本敌意和不信任。

在我们描述这基本焦虑之内涵之前，我们必须讨论一个很可能早已存在于许多读者心中的问题。这种被称作神经症的基本成分的、对他人的基本焦虑与敌对态度，难道不是一种我们内心都秘密隐藏的“正常”态度——也许虽然是以较小的程度——吗？我们在讨论到这问题时，必须区别两种观点。

假使“正常”是表示一种普遍的人性态度，我们就可以说，基本焦虑的确是德国哲学上及宗教语言称之为生物的恐惧(Angst der Kreatur)的正常态度。这句话所要表达的，乃是我们所有人如其他生物一样，在事实上比我们更强大的力量之前是无助的，例如死亡、病苦、衰老、大自然的灾祸、政治事件、意外等。我们第一次发现这一点，乃是在孩童的无依无助时期中，但是这个认识却让我们终生不会遗忘。这种“生物”的焦虑不安，与基本焦虑一样，都具有对强大力量之无能为力感，但是它不会使人产生对这些力量的敌意。

然而，假若“正常”的意义是表示对我们的文化而言是正常的，那么我们可以说：在我们的文化中，由于个人的生命所受的保护甚少，一般的经验会使一个人在成熟时，变得更会提防别人，更会尽量避免太过信任他们，并更明白下述事实，即人们的行为常不是直接的，而是常常会拐弯抹角，并且受懦弱及投机主义所决定的。如果他是个诚实的人，他会把自己也包括在内；如果他不是诚实之人，他会从别人身上更清楚地发现这些。简言之，他会发展出一种与基本焦虑相似的态度。然而，尚有诸多不同：健全成熟的人不会对这些人性弱点感到无能为力，同时在他身上也无法发现在基本神经症态度中不分青红皂白的倾向。他仍然保留了能够维持许多真诚友谊及信赖某些人的能力。也许它们的不同在于事实上健全的人的不幸经验，大量发生于某一他可以整合它们的时期，而神经症患者的不幸经验，大量发生于自己无法控制的某一时期，结果是他的无依无助使他产生焦虑反应。

这种基本焦虑就对自己与对他人的态度而言，有着特定的内涵。它表示情感的孤独，当它与一种感到自己内心十分软弱的感觉同时出现时，这种孤独就更是令人难以忍受。它表示自我信任的基础开始动摇。它带有一种内心冲突的种子，这种内心冲突即他渴望依赖别人，然而由于内心深处对他人的不信任及敌意，这一点无法实现。它表示由于内在的软弱，个人有一种把一切责任都推到别人身上的欲望，有被保护及照顾的欲望，然而由于基本的怨恨使他产生了太多的不信任，因而无法满足这种欲望。而其不可避免的结果就是，他必须把大部分精力浪费在安全的寻求上。

焦虑越难以忍受，防御的方法就越彻底。在我们的文化中，主要有四种个人尝试保护自己以防止基本焦虑的方式：关爱、顺从、权力、逃避。

第一，获得任何形式的关爱都可以作为对抗基本焦虑的强大保护力量。其信条是：*假如你爱我，你就不会伤害我。*

第二，顺从可以粗略地再依照它是否牵涉到特定个人或制度而分为两类。一种有特定的焦点，举例言之，如对标准的传统观念之顺从，对某些宗教仪式之顺从，或对某些有权势的人之顺从。服从这些法则，或同意这些命令，乃是所有行为的决定性动机。这个态度也许会以“乖巧”、“良好”的形式表现出来，虽然这“良好”的含义随命令、要求或者法则的意义不同而完全不同。

当这种顺从的态度并没有依附于任何制度或个人时，它会以更一般性的服从形式来表现，服从所有人的潜在欲望，并避免可能招致敌意的一切事物。在这种情况下，个人压抑了自己所有的需求，压抑自己对别人的不满，心甘情愿地受别人支使而毫不自卫，并且随时随地毫无区别地热心帮助别人。这一类型的人偶尔会明了在他们的行为底下潜藏着焦虑，不过通常他们根本一无所知，并且坚定地相信自己是心甘情愿地行动，因为他们心中抱有大公无私或牺牲自我的崇高理想，这种心理有时太过分，把自己的愿望完全舍弃了。不论是特定的服从形式，或一般的服从形式中，其信条都是：*假如我屈服，我就不会受到伤害*。

这顺从的态度也可以达到借爱得到安全感的目的。假如情感对个人十分重要，以致他在生命中的安全感完全依赖于此，那么他将乐意为它付出任何代价。同时在原则上，这意味着服从、同意别人的一切愿望。然而，经常地，他却无法相信任何感情、爱，于是他的服从态度，不是朝向获取爱，而是朝向获取保护。有些人只有借顽固的顺从，才会感到安全。在他们内心，焦虑不安非常强烈，而对爱的不信任又是如此彻底，因此被爱的可能性根本就被拒之门外。

第三种保护自己免受基本焦虑困扰的尝试，乃是依借权力——借获得实际的权力或成就、占有事物、获得声望或高人一等的智力而设法得到安全感。在这一获取保护的尝试中，其信条是：假如我拥有权力，就没人能伤害我。

第四种获得保护自己的方法，是逃避。上文所述的三种保护措施，都共同地心甘情愿地与世界抗争，以各种方式来应付和面对它。然而，也可以借逃避世界、孤立自己来得到保护。这并不表示要走入沙漠或荒野中居住，或完全孤立，不与别人来往。它表示不依赖他人，只要他人会影响自己身体或心灵的需要。身体之不依赖外在而独立，可以通过囤积占有来获得。这种囤积占有的动机，与为了权力或影响而占有的动机完全不同，由此占有的功用也同样不同。当占有是为了独立自主的目的时，通常会有太多的焦虑，而不能享受这占有的快乐。同时他们也常常具有一种吝啬节俭的态度，因为唯一的目的，是要排除一切危险而获得安全。另外一种可以同样达到不必依赖别人、独立自主之方法，乃是把自己的需要减缩至最低程度。

心灵需要之不依赖他人，举例言之，意味着可以从感情上脱离别人，这样就没有任何事物会伤害到自己或使自己感到失望。它表示舍弃、斩断自己情感上的需求。这种超然的表现之一，就是不把任何事当成正经事看待的态度，凡事无所谓、不认真，包括对自己也一样。这些态度常常可以在知识分子或受教育的人身上发现。对自己满不在乎，并不是认为自己无足轻重，事实上，他既不严肃地对待自己，又认为自己非常重要。因此这些态度可以是互相矛盾的。

这种逃避畏怯的方法，与顺从或屈服的方法，有相同之处，即两者都包含对自己愿望之舍弃。不过在后者，舍弃乃是为了获得“良好”的印象，或服从别人的欲望以便得到安全感。而在前者，“良好”的印象根本就不需要，舍弃的目的乃是获得独立，不依赖别人。在这一点上，其信条是：如果我逃避，就没有人能伤害我。

为了对这些在神经症患者身上扮演重要角色的防御方法加以评价，我们必须明了它们的潜在强度。它们并不是由于一种希望满足快乐或享乐的欲望所产生的，而是由一种希望得到安全的需求所产生的。然而，这并不表示它们无论如何都不如本能的欲望那样强大和不可抗拒。经验告诉我们，对野心的追求所产生的影响，也许正如性的本能一样强烈，甚或更加强烈。

这四种方法的任何之一，不论采取哪一种，或者只采取其中最主要的一种，都会使他们所缺乏的安全感再度出现，假使生活情境允许人们追求它而不随之发生冲突——虽然这种片面的追求，常常会得到惨痛的代价，即造成完整人格的破碎或贫乏。举例言之，一位采取顺从态度的女人，也许可以在一种要求女人服从家庭或丈夫，并且要求她们接受传统方式的文化内，找到和平与许多刺激性的满足。如果一位元首，表现出对权力及财富的不断追求及迫切需要，那么其结果可能是安全感的再建及美满成功的人生。

然而，事实上，对一项目标的勇往直前、一心一意的追求，常常会没有办法达到目的，因为他所设定的需求，实在太过分或太不顾及现实，以致它们与周遭环境发生冲突。尤其更常见的是，为了从一种强大的潜在焦虑中获得安全感，往往不只需要以一种方法追求，而是要以许多不同方法来追求，而它们之间往往彼此矛盾。因此神经症患者可能会在同一时刻里，被驱迫着朝向既统治每个人，又希望为每个人所爱，既要服从他人的意志，又要把自己的意志加诸他人身上，既要脱离别人又渴求他们的关怀和热情。也就是这些完全无法解决的冲突，成为神经症最常见的动力中心。

一般人最经常把握的两种尝试，乃是对爱的追求和对权力的追求。因此，在下列诸章里，我将非常详细地一一讨论这两种需求。

我所描述的神经症结构，在原则上，并不与弗洛伊德的学说相反。他认为在基本上，神经症乃是由于本能驱力与社会要求（或者以“超我”面目出现的社会要求）相互冲突的结果。不过，虽然我同意介于个人的需求与社会压力之间的冲突矛盾乃是每种神经症的不可避免的条件，但这一矛盾并不必然会导致神经症，可能只是导向人生中的某些实际限制，换言之，只会使人们将欲望压抑下来，或者用更普通的话来说，会使人受到现实上的痛苦。只有在这种冲突导致焦虑，而且要消除焦虑的尝试使人走向防御心理，加之这些防御心理尽管同样不可抗拒但又彼此矛盾时，神经症才会产生。

第六章　对爱的病态需求

毫无疑问，在我们的文化中，这四种保护自己以对付焦虑的方法，在许多人身上占有决定性的比例。有些人的最主要需求，是被爱或称誉，同时不遗余力地满足这种欲望。也有人的行为特征，是倾向顺从、屈服而并不做任何自我尊重的努力。也有人的需求，是为求成功或获取权力财富的欲望所推动。也有人的倾向是使自己孤立隔绝，不依赖别人。然而，可能会引出一个问题，即我宣称的这些需求代表了保护自己以免受基本焦虑的伤害，这一提法是否正确无误？它们不是属于人类现存能力之正常范围的本能表现吗？这一主张的错误之处，在于把问题看成非此即彼了。事实上这两种观点彼此并不冲突，也不互相排斥。被爱的欲望、顺从的倾向、对影响力或成功的追求，以及逃避的倾向，可以以不同的混合形式出现在我们每个人的身上，而不会形成神经症。

尤有甚者，这些倾向的或此或彼，也许是某一文化中的主要态度，这是一种再度表示它们可能是人类正常心理的事实。爱的态度，母爱似的热情及顺从他人的愿望之态度，乃是阿拉佩什(Arapesh)文化的主要倾向，正如玛格丽特·米德女士所描述的。而以十分粗暴的方式获取声望，是瓜基乌图印第安人(Kwakiutl)的主要行为模式，正如鲁思·贝内迪克特所指出的。而脱离尘世或远离大千的态度，则是佛教的基本信条。

我的概念并不是要否认这些倾向的正常特征，而是要主张它们全部可以用来获得安心以抗拒一些焦虑，只是，借着获得这些防护性的功能，他们改变了它们的性质，变成完全不同的面目。我可以借一个比喻来说明这一不同。我们有时爬树，因为我们希望测验自己的强壮及技巧，并且从高处向下鸟瞰，但有时则是由于有猛兽在身后追逐，才会去爬树。在这两种情况下，我们都爬上了树，然而引起我们爬树的动机却有不同。在第一种情形下，我们是为了取乐而爬树，在第二种情形下，我们是由于恐惧的驱使，为了安全的需要不得不爬树；在第一种情况下，我们可以随自己的高兴，自由决定爬树与否，而在第二种情况下，我们由于迫切的必要性而被迫爬树。在前一情况下，我们可以寻找任何一棵最适宜攀爬或最感兴趣的树，而在另一情形下，我们毫无选择，必须攀爬可以达到的第一棵树，同时它也不必是树，也可以是旗杆或房屋，只要它可以使我们达到防护的目的。

这驱力的不同，也促使感受及行为有所差异。假如存在于我们内心的是一种直接的、希望获得满足的欲望，那么我们的态度将会具有自发性及辨识力。然而，假如我们为焦虑所驱使，我们的感觉与行动就会充满强迫性，并且不择对象。当然，其中有一些中间地带。在本能的驱力中，例如性与饥饿，它们是强烈地受个人的生理紧张所决定的。这种生理需要有时可能太迫切了，以致它的满足行为就带有一些强迫性及不择对象的性质，这些性质实应为由焦虑所决定的那些驱力之特征。

更有甚者，在所获得的满足中，也有所差别——以一般的话来说，即介于快乐与安全感之间的不同。[①]然而，这一区别初看起来似乎比较尖锐。对本能驱力——如性与饥饿——的满足，乃是快乐，但是假若生理的需要一度被抑制，那么它所获得的满足，就与解除焦虑所获得的满足十分相似。在这两种情形下，都是解除了不可忍受的张力。至于在强度上，快乐与安

① 沙利文在《论社会科学探究中，病理学的意蕴与人际关系之研究》一文中（载于《美国社会学学报》，第 43 期，1937 年出版）指出，对满足及安全的追求，乃是规范人生的基本原理。

全感也许是同样强烈的。性欲的满足虽然在方式上不同，却可能与一位突然解除巨大焦虑的人之感受一样强烈。同时一般而言，对安全感的追求，不只会与本能驱力一样强烈，而且会产生同样强烈的满足。

对安全感的追求，如我们在前章所讨论的，也包含了其他的次要性满足的来源。举例言之，除安全感的获得之外，被爱或称誉的感觉，已成功或有影响力的感觉也可以带来很大的满足。尤有甚者，正如下文将看到的，获得安全的各种不同方法，可以使郁积的敌意得到释放，并因而获得另一种紧张的解除。

我们已知道焦虑可能成为某些驱力的推动力量，而且我们也大致考察了由此产生的几种最重要的驱力。我现在将更进一步详细地讨论那事实上在神经症中扮演最大角色的两种驱力：对爱的渴望，以及对权力和控制的渴望。

对爱的渴望在神经症患者身上是如此常见，也如此易为训练有素的观察者认出，因此它可以被认为是指出焦虑的存在及大致强度的最正确指标。事实上，假使我们在根本上，觉得面对世界感到无助，而且世界是不可避免地在威吓我们、拒斥我们，那么对爱的寻求，将会是获得任何利益、帮助或称誉的最直接、最合逻辑的手段。

如果神经症患者的心理情境，如他们自己心中所以为的那样，那么他要获得爱，应该是毫无困难的。如果我用文字来表达他时常所模糊地感觉到的，那么他的自我印象就像下文所述：他所需要的是如此的微少，只是希望别人对他和善，给予他忠告，同情他是个可怜、无害的、孤独的灵魂，是个迫切渴望使别人快乐，不伤害任何人感情的人。这就是他所看到或感觉到的。他并不知道他的敏感、他潜在的敌对心理、他的需求，如何强烈地干扰了自己与他人的关系。他也不能判断他给予别人的印象，或者他们对他的反应。自然而然地，他变得一点也不明了，为何他的友谊、婚姻、爱情、事业关系，经常受到挫折，无法得到满足。他自作结论，认为别人是错误的，他们不可信任、不忠诚、卑鄙无耻，或者由于某些莫名其妙的理由，他缺乏使自己广受人欢迎的天赋。因此他不断地追求爱的幻象。

如果读者回忆起我们前文的讨论，焦虑如何由被压抑了的敌意所引起，又如何转而产生敌意，换言之，焦虑与敌意是如何形影不离、交互影响，他将可以认出神经症患者在思维中的自我欺骗，从而明白他所以失败的理由。神经症患者对此一无所知，他陷入了缺乏爱的能力，而又迫切需要别人的爱之困境里。我们暂且在此停下来，回答一个看似简单，实际是难以解答的问题：爱是什么？或在我们的文化中，爱意味着什么？有时候，我们可以听到有人随口给爱下的定义，说它是奉献及接受感情关怀的能力。虽然这包含了一些真理，可是它却太过宽泛随便，因此我们必须澄清这一难题，我们大部分人都能在某些时刻富有爱心，但是它并不必然意味着能够去爱。区分的关键之处，乃是爱所由发出的态度：它是不是一种对他人的基本积极态度，还是说，比如它是由恐惧所产生的，因为害怕自己失去他人，或由希望控制和支使别人的欲望所产生的。换言之，我们不能够把任何外表态度当作标准。

虽然要界定什么是爱，是非常困难的事，但我们可以明确地说什么不是爱，或者与爱相去甚远的要素是什么。我们可能会彻头彻尾地喜欢一个人，但也有时候会对他发怒，否认他的一些愿望，或希望自己独处，不受打扰。但是这种受环境影响的愤怒或退缩的反应，与一个神经症患者的态度之间有所不同。后者不断地在警惕别人的伤害，认为任何别人对第三者的兴趣，乃是对自己的疏忽；并且把任何命令、要求都解释为一种强迫，或把任何批评都当作侮辱。这并不是爱。爱是允许对别人的某些性格或态度提出建设性批评的，以便——如有可能的话——对别人有所裨益。然而，要求令人难以忍受的完美并不是爱，如许多神经症患者所做的那样，这种要求中包含着一种敌意：“假使你不完美，就见鬼去吧！”

当我们发现有人利用别人，把他当作达到某些目的的手段，换言之，他只是或主要是因为要满足自己的某些需求，那么我们就认为这并不是我们心目中的爱之表现。这种情形，可以非常明显地表现为：只为了性满足，所以才需要别人，或者因为声望地位，所以才与别人结婚。不过在这一点上，问题常常不容易被看清，尤其是当这需求乃是一种心理上的需求时。有的人会欺骗自己，相信他爱另一个人，而事实上，他却仅仅是出于一种盲目的崇拜而需要对方。然而，在这种情况下，对方往往会突然遭到遗弃，或甚至被他仇视，只要他开始持一种挑剔的态度，并因而失去了对那个人的崇拜——而那个人之所以被爱，完全是由于这种崇拜。

然而，在讨论到什么是爱与什么不是爱时，我们必须小心，不可矫枉过正。虽然爱与利用被爱之人以求满足的感情大不相同，但是我们不可认为爱必须完全是博爱利他及牺牲性的。同时那种自己不需要对方任何东西的感情，也不能被称为爱。任何表现出这种信念的人，皆暴露了自己不愿意给予热情的心理，而并不表明他们对此问题有过更进一步的深思熟虑。当然，我们希望从我们所喜爱的人身上，获得一些什么——我们希望得到满足、忠诚、助益。我们甚至会希望对方的牺牲奉献，假如必要的话。同时一般说来，能够表达这种愿望或甚至为它们而奋斗，乃是心理健全的特征。介于真爱及病态的爱之需求间的不同，在于下述事实，即在真爱里，关怀的感觉是主要的，而在神经症中，主要的感觉乃是安全的需求，而爱的错觉只是附属性的、次要的。当然，它们之间还存在着各式各样不同程度的中间情境。

如果有人只是为了抗拒焦虑，获得安全，而需要别人的爱，那么在他的意识里，这一问题会完全变得模糊不清，因为一般说来，他不晓得自己内心充满了焦虑，也不知道他因此会迫切地、不择手段地追求任何种类的爱。他所感觉到的，只是他所喜欢或信任的人，或者他所迷恋的人之存在。而他自认为是自动自发的爱，可能只是对那些向他表示的一些仁慈的感激反应，或者被一些人或情境所激起的对希望或爱的一种反应。那些或明白或含蓄地使他产生这种预期的人，将会不自主地被他赋予重要性，而他对那人的感觉将以爱的幻想形式表现出来。这种预期可能为下述单纯事实所引起：一个富有权力或影响力的人和善地对待他，或者一个给人的印象是精神独立、立场坚定的人和善对待他。这种预期可能为性欲或淫乱的欲望所引起，虽然这些欲望与真爱可能毫无关系。他们可能受某些固定的亲密关系所迷惑，这种关系暗含了一种帮助或情绪上的支持之承诺，如家庭、朋友、医生等。许多这种关系乃是以爱的伪装面目出现，换言之，处于一种紧密相连的主观信念之掩饰下，而事实上，这种爱只是个人为满足自己的需要，对他人的一种依附的行为而已。这里并不存在真诚关爱和信赖的感觉，只要任何欲望没有被满足，关系随时随地会出现剧烈的逆转。我们对爱的观念的基本因素之一——信赖以及感情的持久——在这些病态的例子中，皆不存在。

不能去爱或感受爱的最后特征，我早已谈到过了，但是我还是要特别强调它，即忽视了别人的人格、特异性、限制、需求、欲望和发展。这种忽视，有一部分乃是焦虑的结果，这种焦虑促使神经症患者依附别人、死缠别人。如果有人失足落水，而紧紧抓缠着别的游泳者，那么他通常就不会考虑到别人是否愿意救他，以及有无救他的能力。这种忽视也有一部分是对别人的基本敌意之表现，这种敌意的最普遍内容，乃是轻视与妒忌。它可能为关心别人的虚伪努力所掩盖，或甚至为牺牲的态度所遮蔽，然而这些努力仍无法防止某些不受欢迎的反应之产生。举例言之，一个为人妻者，也许会主观地相信自己对丈夫十分体贴爱护，然而却在丈夫把时间专注在工作、兴趣或朋友身上时，变得愤怒异常、抱怨唠叨，或沮丧无比。一位过分溺爱、保护孩子的母亲，也许会相信自己所做的一切，都是尽量为了自己子女的幸福，然而对子女之要求独立发展的需求，基本上却加以忽视，仿如未曾看见。

那些把对爱的追求作为防御方法的神经症患者，很少会觉知自己在爱人或被爱上缺乏能力。大部分人会把他们之需要别人，当作爱的能力，不论是爱个人或一般人类。获得维持这一种错觉，乃是有一种压迫性的理由。放弃了这种错觉，将意味着揭露了自己感到基本上敌视他人，然而却又需要他们的关爱。我们没有办法一方面轻视一个人、不信任他、想要破坏他的幸福或独立自主，同时又需要他的关注、援助及支持。为了达到这双重目的——这在事实上是不可能的——个人必须把自己的敌对心理从意识上移开，压抑下去。换言之，爱的错觉虽然是对介于真诚的喜爱与需求之间的一种可被理解的混淆，它却具有使这种对爱的追求变成可能的特定功能。

神经症患者在满足自己对爱的饥渴时，他同时又会遭逢另一基本难题。虽然他可能会成功，至少暂时地，能够获得他们所希望的关爱，但在事实上，却没有能力真正接受它。我们会预期他接受或欢迎任何给予他的关爱，有如一位口渴无比的人之需要饮水般。而事实上，这种情形即使会发生，也只是暂时性的而已。每位医生都明白仁慈和善地关心别人的效果。所有的生理及心理症状都会突然消失，即使并没有对病人采取什么治疗措施，只是给予病人殷勤的照顾，并彻底检查其心身状态而已。一位情境性的神经症患者，虽然可能病情严重，也会在自己感到被关爱时，豁然而愈。伊丽莎白·布朗宁（Elizabeth Browning）就是这种情形的著名实例。甚至在性格神经症中，这种关心，不论它是爱、兴趣还是医疗照顾，都足以减轻和消除焦虑不安，并因而改进病情，促进痊愈。

任何形式的爱，都会使神经症患者有一种肤浅、表面的安全感，或甚至一种幸福的感觉，然而在他内心深处，却会充满怀疑，或引起困扰与恐惧。他并不相信爱的真诚性，因为他固执地相信没有任何人可能会爱他。而这种不被人爱的感觉，常常是种有意识的信念，不会为任何与之相反的实际经验所动摇和改变。的确，它可能因为被视为理所当然而不会在意识中让他为之多做思考，然而即使它模糊不清，它也会像被意识到的一般，是一种不可动摇的信念。同时，它也可以借一种“不在乎”的态度来掩饰，这种态度通常由自负主宰，如此它就多半更难为人发觉。感到不受人爱的信念，紧密地与缺乏爱的能力相结合。事实上，它是对那种无能的意识性反映。一位能够真诚地喜爱别人的人，对别人能够喜爱自己的这一点，将会毫不怀疑。

假使这焦虑的确很深，那么任何给他的关爱，都会受到怀疑，同时他会认为这种关爱，乃是由于卑鄙的动机，才会给予自己。举例言之，在心理分析里，这种病人认为心理分析家所以要帮助他，乃是为了他自己的野心，或者他所以对自己表示赞赏和鼓励，只是为了治疗上的理由。我的一位病人，认为我每个周末在她情绪受到困扰时去看她，对她而言绝对是一种侮辱。公开表达爱，常常易被他们认为是一种嘲讽。如果一位美丽大方的女孩，公开地对一位神经症男患者显露出喜爱之情，他可能认为那是在嘲笑他，或者甚至是一种故意挑衅，因为在他的想象中，没有任何女孩子会真正地喜欢他。

给予这种人以爱，不只会换来怀疑，也可能会激发焦虑。就好像是他如果接受了这种喜爱之情，就会有如陷入蜘蛛网中脱身不得，或者好像他相信了这种爱，就表示被剥夺了自己的保护，有如置身于食人族中一般。一位神经症患者可能在快要知觉到有人正在给予他真诚的爱时，产生极大的恐惧感。

最后，爱的证据，可能会产生对失去独立自主的恐惧。正如我们马上就要看到的，情感上的依赖性，对任何缺少了别人的爱就无法生活的人，都会成为真正的危险，所以任何稍微与它相似的事物，都会使人做殊死博斗。这种人必须要不惜付出任何代价，来避免任何自己的积极情绪反应，因为这种反应马上会与产生依赖性的危险相结合。为了避免这一点，他必须蒙起双眼，使自己看不到别人真正是善意的或热心帮忙的。并且把证实喜爱之情的每一证据都排除掉，同时在自己的感受里，坚持别人是不仁慈的，不真诚的，或甚至是恶毒的。由这种方式所创造的情境，与那种人们渴求食物，但却不敢取走任何食物，因为害怕它可能含有毒药的情形相同。

简而言之，对一位受基本焦虑所驱使的人，及为了保护自己不得不追求爱的人而言，获得这令他渴望异常的爱，机会是非常渺小、微乎其微的。那创造这需求的情境，本身就干扰了这种需求的满足。

第七章　再论对爱的病态需求之特点

我们大部分人都希望受人喜爱，很愉悦地享受为人所爱的感觉，同时如果自己不被人爱时，就会不满。对孩童而言，正如我们已说过的，被需要的感觉对他的均衡发展非常重要。然而究竟什么样的性质使这种对爱之追求，成为病态的呢？

依我之见，任意武断地称这一需求为童稚的，不只是看错了孩童，也忘记构成病态性的对爱之追求的基本因素，实与童稚性（Infantilism）毫无关系。童稚性的需求与病态性的需求，只有一点要素相同——它们的无依无助——然而这一点在两者中也有不同的基础。除此以外，病态的需求乃是在十分不同的先决条件下形成起来的。再重复一次，这些条件是：焦虑不安，感到不被人爱，不能够相信任何爱，以及对所有他人的敌意。

于是，在病态的对爱之需求中，最令我们惊奇的第一个特征，乃是它的强迫性。任何人只要受强烈的焦虑所推动，其结果必然是丧失了自主性、变通性和弹性。简言之，这表示对神经症患者而言，他人的关爱并不是一种奢侈，也不是额外的力量或快乐的主要源泉，而是种迫切的必需品。其之不同，在于一种是"我希望被爱，并享受这爱"，而另一种是"无论任何代价，我必须被爱"。一种是因为胃口不错所以饕餮一顿，能享受食物并有所选择的人，而另一种是饥饿难忍、饥不择食、囫囵吞枣，并愿为它付出任何代价的人。

这一态度必然会导向对受人喜爱的真正意义之过高评价。事实上，让一般人喜欢自己，并不那么重要，让某些人喜欢自己，才是重点。除了那些我们所关心的人，那些我们必须与之同住、一起工作的人，或那些我们希望给予他们好印象的人之外，我们是否受人欢迎，并不是那么重要。[①]然而，神经症患者的一切感觉和行为，却仿佛是他们的存在、幸福及安全，都有赖于受人欢迎似的。

他们的欲望可能会依附于任何人身上，从理发师到他们在宴会中所遇见的陌生人，一直到他们的同事、友人、所有的男

① 这种说法在美国或许会遭到反对，因为在美国，由于文化因素渗透到实际生活中，受公众喜爱已经成为一般人力求达到的目标，并因而具有在其他国家不具有的意义。

人、女人。因此，一次拜访、一次电话或一次邀请，如果稍微友善或较不友善，都可能改变他们的心情以及他们对人生的看法。在这里，我必须提出一个问题：他们缺乏独处的能力，程度因人而异，从稍微的坐立不安，到对孤独的强烈恐惧。我并不是在说那些总是百无聊赖的人，也不是那些独处一隅就索然无味的人，而是那些聪明活泼、精力充沛，并能在不孤独时享受许多事物的人。举例而言，我们常常可以看到一些人，他们只有别人在场时才能工作，一旦他们独自工作，就会坐立不安、愁眉苦脸。在这种对伙伴的需求中可能含有其他因素，但是一般而言，是由于一种模糊不清的焦虑不安，是对关爱的需求，或更正确地说，是对一些人际联系的需求。这些人会具有一种在宇宙中漂泊无依、孤独无助的感觉，而任何的人际联系都可以解除这种孤独感。正如在一次实验中所显示的，有时候我们可以观察到这种缺乏独处的能力，是随焦虑之增加而增强的。有些病人能够独身自处，只要他们处身于他们自设的四周围墙的庇护之下。但是只要他们的防御机制为心理分析方法所动摇，同时激起了一些焦虑不安后，他们会突然地发现自己再也不能独处了。这种暂时的、过渡性的损伤，在心理分析的过程中，是不可避免的。

这种对爱的病态追求，焦点也许会集中于某一个人身上——丈夫、妻子、医生、友人。如果是如此，那么这个人的感情、兴趣、友善乃至那个人的在场，都将会具有无比的重要性。然而，这种重要性具有一种荒谬的特征。一方面，神经症患者寻求别人对自己的兴趣与陪伴，害怕自己被人讨厌，一旦别人不在身边，就会感到被冷落。而另一方面，当他与自己的偶像在一起时却一点也不快乐。如果他曾经对这种矛盾冲突有所知觉，他通常会感到困惑不解。但是根据我已说过的基础，这种希望别人在场的愿望，很明显不是真正的喜爱之情的表示，而只是以有人随时在场来满足对安全感的需求。（当然，真诚的喜爱可能与追求爱的需要同时并存，但是它们却不必然是同时出现的。）

对爱的追求也可能局限于某些团体中的人，也许是局限于具有共同兴趣和利益的人，如政治团体或宗教团体。或者它可能会局限于某一性别的人。如果对安全的需求，局限于异性身上，那么这种情境在表面上，似乎是“正常”的，同时通常他们会辩称自己是“正常的”。举例言之，有些女人如果身边没有男人在场，就会感到可悲及焦虑不安；她们将会开始一段恋爱，不久之后即中止这场恋爱，再度感到可悲及焦虑不安，于是又再度与男人谈恋爱，一直循环不休。这种不是真的需要与男人维持关系。我们可以以下述事实指出这一点，即这种关系充满冲突与不美满，且这些人几乎是不加选择地与任何男人发生恋爱。她们只希望有人在身边，而并不真正喜欢他们，而且通常她们甚至不能得到生理上的满足。当然，在现实中，这种现象要更加复杂。我只是特别强调焦虑与对爱之需求在这方面所起的作用而已。①

我们也可以在男人身上发现相同的模式。他们也会有希望被任何女性喜欢的强迫性心理，并且在与其他男人相处时，有些坐立不安。

假如对爱的需求是集中于同性身上，那么这可能是隐性或显性同性恋的决定因素。假使对异性的爱要求遭受太多焦虑的阻碍，那么这种爱的需求可能会转而指向同性。不必说，这种焦虑不一定是显露出来的，而是可能会为一种对异性的厌恶或不感兴趣的感觉所掩饰。

由于获得爱非常重要，因此自然而然，神经症患者会为它付出任何代价，但他们中的大部分人却不明了自己正在这么做。最常见的付出代价的方式，是一种顺从的态度及情感依赖。这种顺从态度可能是不敢反对和批评别人，只会奉献、称

---

① 卡伦·霍尼：《对爱的过高评价：今日女性共同心理》，载于《精神分析季刊》（*Psychoanalytic Quarterly*），1934年第3卷，第605~638页。

誉和服从。如果这种类型的人允许自己表现出批评态度，或贬损的评论，那么他们就会感到焦虑不安，即使他们的言行可能是无害的。这种顺从态度有时走向极端，而使神经症患者消除一切的侵略攻击冲动，并且消除一切维持自尊的倾向，会使自己被人利用，会做出任何牺牲，不论这牺牲是多么有害。例如，他的自我否定的态度，可能会使他希望自己患上糖尿病，因为他希望从之获得关爱的人是专门研究糖尿病的，这表示他以为患有这种病，也许可以赢得对方的注意。

与顺从态度紧密相关、交互影响的是情感依赖，它乃是由于神经症患者对某些可以提供保护的人有依赖需求所产生的结果。这种依赖，不只会引起永无休止的痛苦，甚至会造成全面的毁灭。举例而言，在某些人际关系中，有的人会无助地依赖别人，虽然他自己完全明白这种关系是不可靠的。他认为如果他不能得到一句友善的话或友善的微笑，世界仿佛就会分崩离析。他可能在等待一次电话时会感到焦虑的侵袭，如果别人没有来看他，他就会感到非常凄寂，但是他却无法脱离这种关系。

通常，这种情感依赖的结构比较复杂。在一个人依赖他人的关系中，无可避免地会充满了大量的怨恨。那依赖成性的人，会因为被奴役而愤怒，为了必须顺从而愤怒，但是却会继续如此顺从，因为害怕失去别人。由于他一点也不知道所以会产生这种情境，乃是由于自己的焦虑，因此他会认为自己之所以如此顺从，完全是别人强迫他、指使他的。根据这一基础所产生的怨恨，必须加以压抑，因为他迫切需要别人的关爱。然而这压抑作用转而又激起新的焦虑，重新产生对安全感的需要，因而又增强了依附别人的冲动。所以在某些神经症患者身上，情感依赖会产生一种非常现实，甚至是合情合理的恐惧：自己的一切将被毁掉。一旦这种恐惧变得非常强烈，他们就会借脱离别人、不与任何人交往来保护自己以抵抗这种依赖性。

有时候，这种依赖的态度在同一人身上会改变。在经历了一次或几次痛苦经验后，他也许会盲目地挣扎，抗拒任何稍微与依赖性相似的行为或倾向。举例言之，一位曾经历过许多次恋爱的女孩子，每一次的恋爱都在她要迫切地依赖她的对象时结束，因此她遂发展成一种远离所有男人的态度，只希望把他们玩弄于股掌之间，而不付出任何感情。

这种过程也可以从病人对心理医生的态度上被证明。花费一小时了解自己，乃是为了病人的利益，但是他却常常忽略了自己的利益，而试图取悦心理医生，以获得医生的赞许或注意。尽管他有充分的理由希望尽快结束治疗——因为在心理分析过程中他会承受一些痛苦或有所牺牲，有时则因为他时间有限——但这些因素有时候却似乎变得毫不相干。病人会在繁琐冗长的故事上浪费数小时之久，只为了从心理医生那里获得赞许的反应，或者他会使每个小时都充满了快乐气氛，以获得医生的注意与赞赏。这种行为可能会发展到一种地步，以至病人的联想或甚至梦境，都会受到他希望医生感兴趣的愿望所决定。或者他会与心理医生纠缠不清，相信自己唯一的企图是要获得心理医生的爱，并以自己诚挚的感情来打动医生的心。在这种情形中，不加选择的倾向也表现了出来，他仿佛认为每个心理分析家都是人类价值的楷模，或者完全符合每个病人的私人期望。当然，心理医生也可能是每个病人都喜欢的人，但纵使如此，也不能说明心理分析家对病人的情感如此重要的原因。

这就是我们一般所说的“移情”现象。但是这名词也并不十分正确，因为移情乃是包括了病人对心理医生的全部非理性反应，而不只是情感依赖。这里的问题并不在于这种依赖为什么会加诸医生身上，因为需要这种保护的人，会依附于任何医生、社会工作者、朋友、家族成员。问题在于为什么它是如此强烈，及为什么它经常发生。答案相当简单：心理分析除了可以解决其他问题外，也会接触到那些为防止焦虑而建立的防御心理，因而会激起潜藏于保护墙背后的焦虑。也就是这种焦虑的增加，使病人通过各种方法依赖心理医生。

在此处，我们又发现它与孩童对爱的需求不同；孩童比成年人需要更多的爱或帮助。因为他更为无助，但是在这种态度中，没有包含强迫性的因素。只有一位早已存在忧虑的孩童，才会缠附母亲，寸步不离。

第二种病态的爱需求之特征，也完全与孩童的需要不同，即永不知足。诚然，孩童会撒娇，要求过分的注意并无止境地证明自己被爱，但是在这情形下，他就是个有心理困扰的孩童。一位健康的孩童，在充满温暖及可靠的气氛中成长，会确定地感到被人所爱，不会需要对此事实进行不断地证明，并且在他接受了所需要的帮助时，会感到心满意足。

神经症患者的贪得无厌，会表现在一般人格特质的贪婪上，具体表现为饕餮、购物狂、逛商店狂及缺乏耐心。这种贪婪大部分时间都被压抑着，却会突然地爆发出来，例如，有的人通常对购买衣装一向节制，却会在焦虑状态下一口气买四件大衣。它有时候会以比较温和的方式，表现为如海绵般吸附；有时候经由激烈行为表现出来，如章鱼般紧缠不放。

这种贪婪的态度、它的所有形式及随之而来的抑制作用，被称为“口唇欲”态度[①]。这种态度在心理分析性文学中，曾有

① 卡尔·亚伯拉罕：《力比多的发展史》，载于《医疗心理分析的新工作》(*Neue Arbeiten zur aerztlichen Psychoanalyse*)第2册，1934年版。

很多精彩的描述。虽然在这名词背后所包含的理论假设很有价值，因为它们能够把孤立的倾向整合成为单纯的症状，然而把这些倾向都溯源至口欲类感觉及欲望，却是令人不无怀疑的。诚然，根据可靠的观察，贪婪常常表现于对食物的需求与进食的方式中，同一倾向也出现于梦境里，以更原始的方式表现出来，例如吃人肉的梦境。然而这些现象并没有证明，我们这种行为在本质及原意上可以归结于口唇欲望。因此，下述的假设可能更合理，即饮食只不过是满足贪婪感觉的最直接方法，不论这贪婪的来源是什么。正如在梦境中，饮食乃是表示未满足的欲望的最具体、最原始的象征。

把口唇欲望或态度当作是性原欲的特性之假设，也需要加以补充。毫无疑问，贪婪的态度也可以在性方面出现，在实际的性之不满足上，正如在梦境中会把性交与吞咽或咬嚼相认同一样。但是它也会出现在对金钱或衣物的贪得无厌之中，或者对野心及声望、权势的贪婪追求上。我们唯一能证明它具有性特质的，只能说贪婪的热烈程度，与性驱力一样热烈。然而，除非我们假定每种热情的驱力都源自力比多，否则就必须证明这种贪婪是一种性的——前生殖器期——驱力。

贪婪的问题十分复杂，而且尚未完全解决。正如强迫行为一样，它乃是由焦虑所引发的。贪婪乃是为焦虑不安所制约之事实，可以举出很多例子加以证明。如过度手淫或暴饮暴食等皆是如此。这两者之间的密切关系，也可由下述事实显示出来，即只要个人在某些方面得到安全感，如感到被爱、事业成功、完成一件建设性的工作，贪婪心理就会减轻或消失，比如说，感到为人所爱，也许会突然地减少购物的强迫性。一位口不停食的女孩子，一旦开始做她十分喜欢的事情，例如设计服装时，就会把饥饿及进食时间忘得一干二净。另一方面，一旦焦虑或敌意的程度增强了，那么贪婪就会出现或增加。一个人可能会在一次糟糕的表演会之前，内心存有去逛商店的强烈冲动，或在被冷落后，无法控制自己暴食。

然而，有很多人虽然焦虑，却不会变得贪得无厌，这一事实表示尚有其他的一些特定因素在发挥作用。在这些因素中，我们唯一能某种程度确定无误地说出的是，贪婪的人不信任自己有任何创造能力，因此必须依赖外在世界满足自己的需求。不过他们相信没有人会愿意给他们任何帮助。那些在爱的需求方面贪得无厌的神经症患者，往往也会显示出对具体事物的吝啬与贪婪，例如牺牲时间或金钱，对具体问题的忠告建议，对种种困境时的实际援助、礼物、消息之提供、性满足等。在有些病例中，这些欲望明确地显示出这些是因为他们希望得到爱的证明；然而在其他情况中，这一解释并不适合。在后一情况下，神经症患者给我们留下的印象是只是想要得到什么，这些东西不一定是爱，而爱的渴望即使存在，那么它也只是追求某些利益或收获的一种伪装而已。

这些省察使人产生一个疑问，会不会对一般具体事物的贪求无厌，才是基本的现象，而对关爱之需求只是达到这一目标的方法之一？对这一问题没有一般性的回答。正如我们将在后文见到的，渴望占有乃是抗拒焦虑的基本防御机制。但是经验告诉我们，在某些例子中，虽然求爱是较为主流的防御方法之一，但却会被深深地压抑着，使它根本不会出现于表面行为上。因此对具体事物的贪求无厌，遂永恒地或暂时地取代了它的位置。

在讨论到爱的角色问题时，我们可以粗略地区分三种神经症类型。在第一种类型中，他们所追求的不外乎爱，不管爱的形式如何，也不管他们通过什么方法来获得。

第二种类型也追求爱，但是如果他们未能在某些关系上获得它——事实上他们往往会失败，那么他们不会立刻再转向别人求取爱，而是会退缩不前，远离别人。他们不再使自己与别人发生亲密关系，而是强迫性地依恋事物，例如饮食、购物或阅读，总之就是获得一些东西。这一改变有时候会以十分怪异荒诞的形式表现出来，例如有些失恋的人，会强迫性地大吃大喝，因此短短几天内体重就增加了二三十磅；假如他们又开始谈恋爱或有了新的恋人，他们就体重大减。而如果这次恋爱又失败了，他们又再度体重增加。有时候我们可以在病人身上，观察到相同的行为。在他们对心理医生感到巨大失望后，病人便开始强迫性地大吃大喝，体重迅速增加，以致臃肿不堪，简直让医生认不出他们；但是当他们与医生的关系好转时，他们的体重就又恢复正常了。同时，这种对食物的贪求无厌，也可能会被压抑下去，于是它会以一种胃口全失或消化不良的面目显现。在这一类型的病人中，其人际关系比第一种类型受到更深刻的困扰。他们仍然渴望关爱，他们也仍然敢去追求它，但是任何失败或不满意，都会斩断他们与别人之间的联系。

第三种类型的人，由于早年就遭受到很严重的挫折打击，因此在他们的意识态度上，对任何关爱皆深感怀疑。他们的焦虑不安是如此深刻，因此他们只求不受到任何伤害就心满意足了。他们可能会对爱采取一种嘲弄、责备的态度，并且宁愿把他们的欲望集中在实际的帮助、忠告及情欲上以获得满足。只有在他们的大部分焦虑消除后，他们才能渴望爱，并追求它。

这三种类型的不同态度可以总结如下：1）对爱的要求永不满足；2）爱的需求与一般的贪婪交替出现；3）没有明显的爱的需求，只有一般的贪婪。这些类型都表明了焦虑与敌意在同时增长。

再回到我们讨论的主要方向，我们必须讨论那永不满足的关爱需求借以表现自身的特殊方式。其主要的表现乃是嫉妒与对无条件的爱之需求。

病态的嫉妒心，与正常人的嫉妒心不同，它虽然可能是对失去别人之爱的危险之一般反应，但却与危险程度不成比例。它受控于经常恒久的恐惧，害怕失去对别人的占有，或失去别人的爱。自然而然地，别人所感兴趣的事物，对自己都可能是潜在的威胁。这种嫉妒可能会在每一种人类关系中出现——出现于父母对想要交朋友或结婚的子女的态度上，或者子女对他们父母的态度上，还有介于配偶间或任何恋爱双方间的嫉妒。而病人与心理医生的关系亦无例外。病人对心理医生诊视别的病人，甚至只是提到别的病人的名字，都会使他们嫉妒不安。他们的信条是："你必须唯我独爱，忠心不二。"病人也许会说："我知道你待我很和善。然而，你也可能对别的病人一样和善，因此你对我的和善，根本不算一回事。"任何必须与别人共享的感情或关注，他们都毫不犹豫地完全彻底地加以贬低。

这种与现实不相称的嫉妒，常常被认为是在童年时，对同辈兄弟或对一位父母的嫉妒经验所决定的。在健全的孩童中所发生的手足争执，例如对新生婴孩的嫉妒，一旦在孩童确知或确信他并没有失去任何他已拥有的爱或亲情时，就会消失得无影无踪。依照我的经验，在孩童时期所发生的过度嫉妒，之所以从未能克服，乃是由于该孩童与成年人一样，也有神经症的情境。在这孩童内心中，早已存在着一种由基本焦虑所引起的对关爱永不满足的追求。在心理分析文献中，童稚的嫉妒与成人的嫉妒之间的关系，常常没有被清楚地表述出来，通常把成人的嫉妒称为童稚期嫉妒的“再现”。如果这句话是表示，一位成年妇女所以会嫉妒丈夫，乃是因为她也同样嫉妒自己的母亲，那么它就毫无根据了。我们在孩童与父母或兄弟姐妹的关系中所发现的强烈嫉妒，并不是他成年后嫉妒的主要原因，而是它们两者都由同一来源产生。

对爱之需求永不满足也许可以以一种比嫉妒更强烈的方式表现出来，这就是对无条件的爱之追求。这种要求经常表现于意识中的方式乃是：“我要因我之所是，而非我之所为而被爱。”如果仅限于此，我们可以说这个欲望一点也不过分。诚然，希望别人毫无条件地爱自己，是我们每个人都有的愿望。然而，神经症患者对无条件的爱之病态渴望，却比正常人的愿望更为广大，而且它的极端形式根本就不可能实现。这种对爱的需求，确实不允许有任何条件或任何保留。

这一需求首先包含了一种被人爱的愿望，不论自己有任何恼人的行为。这愿望作为获得安全感的方法是必需的，因为神经症患者在内心中隐秘地明白，自己内心充满敌意及过分的需求，因而不难理解他会产生相当的恐惧，害怕一旦这敌意暴露，别人将会收回对他的关爱，或为之震怒，甚至对他采取报复。这一类型的病人会提出这种见解，即要去爱一个可爱的人是十分容易且毫无意义的，真爱必须证明自己能够忍受任何负面的行为。任何批评建议都被认为是对方收回了爱。在心理分析过程中，病人可能会因医生暗示他可以改变自己的人格中的某些方面而产生怨恨。虽然改变人格乃是心理分析的目的，但病人却认为任何这种企图，都是对他关爱需求的打击。

其次，这种对无条件的爱之病态渴求，包含了一种希望为人所爱，而却不回报的愿望。这种愿望是必需的，因为神经症患者感觉到自己无力感受任何温情，或奉献任何关爱，并且也没有这样的意愿。

第三，他的需求还包含了一种希望被人所爱，而却从不为别人着想的愿望。这愿望是必需的，因为如有任何人从这一情境中得到利益或满足，那么就会使神经症患者产生疑心，怀疑别人之所以爱他，只是为了获得利益或满足而已。在性关系上，这一类型的人，将会嫉妒别人从此关系中所得到的满足，因为他们会认为自己之所以被爱，只是由于其中有所满足。在心理分析中，这些病人吝惜心理分析家从帮助病人中所获得的满足。他们要么贬低心理分析家给予他们的帮助，要么就是虽然在理智上能够明了自己已得到帮助，但却没有任何感激之情。或者他们会把病情的好转归之于其他的来源，如他们所服的药片或朋友的建议，自然，他们也不愿意付钱。虽然他们在理智上明白医疗费乃是对时间、精力及知识的酬劳，但他们在情绪上却会认为这种医疗费的付出证明了心理医生对病人并无真正的关注，他只是为了金钱而已。这种人往往会不愿意付出任何礼物，因为赠送礼物使他们不能确知自己是否被爱。

最后，对无条件的爱之渴求，包含了希望别人做出牺牲以爱自己的愿望。只有在别人牺牲一切时，神经症患者才能真正地确定自己被爱。这些牺牲可能包含金钱或时间，但也可能涉及对方的人生信念及人格完整。举例言之，这一需求包含了对别人应该与他站在同一阵线上的期望，有时这会成为一场灾难。有些母亲，认为获得子女无条件的牺牲与盲目忠贞，是理所当然的，因为她们经过一段“痛苦的分娩”才把他生下来。有些母亲则把她们对无条件的爱之愿望压抑下来，因此她们才能够给予自己的子女以大量的积极助益与支持。但是这样的母亲从她与子女之间的关系上，没法获得任何满足，因为她就如我上文早已提过的实例一样，感到子女之所以爱她，只因为他们从她手中得到了很多助益，因而在内心深处，会吝惜自己所给予子女的一切。

这种对无条件之爱的追求，在其内涵上，包含对别人的无礼及残忍的忽视和摒弃，明晰地显现出对爱之病态追求中潜藏的敌对心理。

与正常的吸血鬼式相反——吸血鬼式的人在意识上会决定吸尽别人之所有，神经症患者通常对自己是一个什么样的人毫不知晓。他必须使自己对自己的需求一无所知，因为基于一种战术的理由，没有人能够坦白无讳地说："我要你为我牺牲你自己，而不要指望从我身上获得任何回报。"他被迫把自己的需求放在合情合理的基础上，例如他生病了，所以需要别人的牺牲。

另外一种使自己不明了自己需求的有力理由，乃是这种需求一旦建立，就很难以放弃；而感觉到它们是不合理的，就是走向放弃的第一步。它们除了建基于上文提过的基础外，也根深蒂固地植根于神经症患者的信念中，他坚决相信自己不能靠自己的能力生活，他所需要的一切都必须是别人给他的，所有维生的一切责任，都应由别人负担，而不是自己负担。因此放弃了他对无条件的爱之需求，一定会改变他对人生的全部态度。

所有病态的对关爱的需求，都有一个共同点，即神经症患者自己的内心矛盾冲突，阻碍了他得到他所需的爱。那么他对于这种需求只能部分实现，或者完全不能实现，究竟又会做何反应呢?

第八章　获得爱的方法及对拒绝的敏感性

在思考这种神经症患者是如何迫切地需要爱，但他们要接受它又是如何困难时，我们不妨假定，这些人在温和的、不冷不热的情绪气氛中，将会获得最大的满足。但是在这假定中，又产生了另一问题：他们同时又十分痛苦地对任何拒绝或冷落——不论它是如何轻微——敏感万分。而一种温和的、不冷不热的气氛，虽然可以使人感到安全，却也会被认为是一种冷落。

要描述他们对拒绝的敏感程度非常困难。约定的改变，不得不等待，未能得到立刻答复，不同意他们的意见，任何与他们的愿望相抵触的表示等等，简言之，任何未被满足的愿望都可能造成挫折，都会让他们感觉是被拒绝了。而拒绝不只会把他们抛回本来的基本焦虑中，还会被认为相当于是对他们的侮辱。下文我将会解释为什么他们会认为拒绝包含了侮辱的含义，且拒绝中的侮辱因素会引起极端的愤怒，此愤怒可能会爆发出来。举例言之，一个少女只因为自己的爱猫未能对她的抚摸产生反应，就会愤怒异常地把猫掷到墙上。如果他们必须等待，他们就把这种等待解释为别人轻视自己，自己在别人的眼中无足轻重，所以才不必按时赴自己的约。而这种感觉会引起敌意的发作，或者使他们收回自己的一切感情，变得冷漠而麻木不仁，即使在几分钟前，他们还热切地盼望着约会的来临！

被拒绝的感觉与生气的感觉之间的联系，常常是潜藏于无意识中。这之所以很容易发生，是因为这种拒绝可能十分轻微以至逃过了意识的知觉。于是一个人可能会感到愤怒，或变成轻视一切并充满报复意念，或感到疲倦不堪、沮丧无比，或感到头痛，却丝毫不知其所以然。更有甚者，这种敌对反应不只会因受拒绝或因感到被拒绝而发生，也会因为拒绝预期而发生。举例说，有人可能会忿忿不平地提出一个问题，仅仅因为在他心里，预期到会被人拒绝。他可能不愿意送花朵给女朋友，因为他预期她会从此礼物中发现他有什么不可告人的动机。他也许会由于同样的理由，极端害怕表达任何积极的感觉，如喜爱之情，一份感激，一次称赞。因此在别人的眼中，他显出一副比自己真实的本性更冷漠、更难以相处的样子。或者他可能由于预期到会被拒绝，因此反过来用嘲讽的态度“报复”女人。

这种对被拒绝的恐惧，假使严重地发展下去，可能会使人避免把自己暴露在任何被否定的可能性中。这种逃避可能会从一个人在购买香烟时而不敢同时也要火柴，扩大到不敢去求职的态度上。那些害怕遭受任何可能的拒绝的人，会避免接近自己所喜欢的男女，只要他们没办法确定绝对不会碰钉子。这种男人常常会因自己必须邀请女孩跳舞而气愤，因为他们害怕女孩只是为了礼貌，才接受自己的邀请。他们往往认为女人在这方面要幸运得多了，因为她们不必采取主动。

换言之，对拒绝的恐惧可能会引起一连串的严重抑制作用，而使自己变得胆小如鼠。这种胆怯腼腆可以作为防止自己暴露于拒斥冷落中的防御机制。认为自己不可爱的念头，也用来作为同类型的防御。就好像这类人对自己说道：“无论如何，人们并不喜欢我，所以我最好靠边站，以保护自己免遭任何可能的拒绝。”因此对拒绝的恐惧，成为获得爱的重大阻碍，因为它使个人无法让别人感受到或知晓他希望得到一些关心。更有甚者，由被拒斥的感觉所引起的敌意，会使焦虑爆发或甚至增强。这是造成“恶性循环”的重要因素，它使人难以摆脱。

这种由各种不同的对爱之病态需求所形成的恶性循环，可以这样粗略地描述：焦虑→对爱的过度需求，包括对绝对排他的无条件的爱→如果这些需求未能满足，就产生被拒斥感→以强烈的敌意回应此拒绝→由于害怕失去爱，所以需要压抑敌意→一种愤怒泛化后的紧张状态→焦虑增强，对安全感之需要增强……这样被用来抵抗焦虑以获得安全感的方法，再度产生了新的敌意与新的焦虑不安。

这种恶性循环之形成，不只在我们刚刚讨论过的范围内具有典型意义。一般言之，它是神经症最重要的历程。任何保护机制，除了能给人安全感之性质外，还具有产生新焦虑的性质。一个人可能会饮酒作乐以逃避自己的焦虑，然后又害怕饮酒也可能会伤害身体；或者他可能会手淫以解除焦虑，而又害怕手淫会使他生病；或者他会接受医生对他的焦虑的治疗，但很快地又担心这治疗会伤害到他。这恶性循环之形成，乃是为何严重的神经症一定会越来越严重的主要理由，哪怕外在情境一点也没有改变。揭露这恶性循环及其一切内涵，是心理分析的重要任务之一。神经症患者本身无法把握住它们，他只能注意到它们的结果，感到自己陷入绝望无助的境地。这种陷身罗网的感觉，乃是他对自己所不能突破的重重困境的反应。任何似乎可以引他脱离苦海的路，再度又引他进入新的危险。

我们不免会问，尽管内心充满了困扰，神经症患者有没有方法获得他想要拥有的爱？事实上这里有两个难题必须解决：首先，如何获得必要的爱；第二，如何使这种需求合情合理。我们可以粗略地把可能获得爱的不同方法描述如下：收买贿赂、乞求怜悯、要求公正，最后是威胁恐吓。当然，这种分类就像所有心理因素的分门别类一样，并不是严格的规范方法，而只不过是一般倾向的指示而已。这些不同方法之间并不互相排斥。它们可以同时显现或交替作用，这有赖于当时的情境以及人格的全部结构，并依据敌意的程度而不同。事实上，我们刚才所列出的这获得爱的四种方法，依其次序表示了敌意增加的程度。

当神经症患者想借贿赂以获得爱时，他的信条可以描述为："我深深地爱你，因此你应爱我以作为回报，为了我的爱，你要放弃一切。"事实上，在我们的文化中，这种态度较常见于女人，而男人则比较少用，这是由于目前女人的生存处境使然。几世纪以来，爱不仅是女人在生命中的特定要素，而且在事实上也是女人能够获得自己所欲得到的事物之唯一或主要途径。男人在成长中，会慢慢培育出一种信念，即他们如果想获得什么，就必须在生活中有所成就；而女人却明白经由爱，且只有经由爱，她们才能获得幸福、安全与声望。这种文化角色的不同，对男人与女人的心理发展有恒久的影响。在本书中，要讨论这种影响是有点煞风景，不过它的结果之一是在神经症患者中，女人比男人更经常会运用爱作为战略武器。同时，这种对爱的主观信念，使她的要求变得合情合理。

这一类型的人，会处在一种特殊的危险之中，即在爱情关系中，他们陷入一种痛苦的依赖里。举例言之，一位具有对爱的病态需求的女人，依缠着一位同一类型的男人。然而这男人却会在她接近时退缩不前。于是女人对这种拒绝产生强烈的敌意反应，但是她由于害怕失去他而把这敌意压抑下去。然而假如她也畏缩了，他又会再度开始追求她以引起她的注意。于是她不只是压抑了自己的敌意，而且用一种更强烈的热情来掩饰它。她将再度被拒绝，并且再度产生敌意，又再度以更加热烈的爱来掩饰。于是如此一来，她会逐渐地相信，自己为一种不可克服的“伟大激情”(grand passion)所支配。

另外一种可以称为贿赂形式的方法，乃是借了解别人，在他的心理或事业发展上帮助他，借解决他的所有困难及其他类似方法，来尝试获得爱。这是为男女两方共同使用的方法。

第二种获得爱的方法是乞求怜悯。神经症患者会使自己的痛苦及无助表现出来，引起别人的注意，他的信条是：“你应当爱我，因为我正在受苦而且无依无靠。”同时，这种痛苦可以当作有权利做过分要求的合理遁词。

有时候，这种乞求会以十分公开的方式表达出来。一个病人将会指出，他是患病最严重的人，因此拥有获得心理医生最大关注的权利。他会对那些在外表上显得比较健康的病人加以责备，他也会对那些比他更有效运用此一手段的人感到愤怒。

在乞求怜悯中，或多或少都掺杂了敌对心理。神经症患者可能会单纯地乞求我们对他和善仁慈，或者他会借激烈的手段来谋取利益，例如借使自己身陷一种可怕的情境而迫使我们不得不加以援助。每个在社会工作或医疗工作中必须与神经症患者来往的人，都知道这一战术的重要性。把自己的困境实事求是地展示的神经症患者，与把自己的困难用戏剧性的方式展示以获取怜悯的神经症患者之间，是有很大分别的。我们也可以在所有年纪的孩童身上，发现相同的倾向，他们也具有相同的多样性，孩童有时会以抱怨的方式来要求父母安慰，有时则设法通过无意识发展出令父母害怕的情况，如食欲不振或小便不通等，来引起父母的注意及关心。

这种运用乞求怜悯的方法，表示他具有先入为主的信念，即自己无法以任何其他方法来获得爱。这一信念可能会合理化成对爱的一般不信任，或者以另一信念形式出现，即认为在特定情况下，爱无法以其他任何方法获得，所以唯有乞求怜悯。

在第三种获得爱的方法——寻求公正——中，其信条可以说是："我已对你如此贡献，你要贡献什么给我？"在我们的文化中，母亲常常会表示，由于她们为子女牺牲很多，因此他们应该无条件地赤诚报答。在爱的关系中，答应对方的追求之事实，也可以作为要求的资本，这类人常常会过度热心地替别人做事，内心隐秘地期望自己能够得到回报，从而获取他们所希望的一切。而假如别人并不同等地替他们做事，他们就会感到严重的失望。我在此所说的并不是指那些在意识上精打细算的人，而是那些根本对任何可能的回报之有意识的期望毫不知情的人。他们的强迫性的慷慨，也许可以更正确地描述为一种神奇的姿态(Magic Gesture)。他们给予别人援助，也希望别人以同样帮助回报。只有由于事后之不寻常的极端失望，才使我们晓得事实上他在期望着回报。有时候，他们在脑海里存着一本会计簿，在其中他们记载下了许多账目，记下他们的牺牲，而事实上这些牺牲根本毫无益处，例如整夜清醒未眠；同时又少计或甚至忽略别人对他们的牺牲贡献，因此他们歪曲了真正的情况，而觉得自己理应获取特别的关心。这种态度也会影响到神经症患者自己，使他非常害怕欠人恩情。由于他本能地以己之心度人之腹，因此他恐惧一旦他从他们手中接受任何帮助时，别人将会利用他。

这种寻求公正也可以作为神经症患者愿意给予别人帮助的

根据，如果他有机会的话。他会指出如果他站在别人的立场，或他是别人的话，他将会如何仁爱或乐于做出自我牺牲。同时他觉得自己的需求是合情合理的，因为事实上，他对别人的要求并不比对自己的要求多。在现实中，这种自认合情合理的心理，比神经症患者自身所明了的更加错综复杂。他对自身的这一描述，主要是他无意识地将他对别人完成行动的要求放在了自己头上。然而，这种认识并不完全是欺骗，因为他的确有一些自我牺牲的倾向，此系来源于下述倾向，如他的自我肯定的缺乏，他对失败者的认同，他对别人和善之冲动，程度正如他要求别人也对他持有的那么多。

在寻求公正的手段之中，可能含有敌对心理，这敌意在要求为一项伤害做出赔偿的时候，表现得最为清晰。他的信条是："你使我受痛苦或伤害了我，因此你有义务帮助我、照顾我，或支持我。"这种战术与创伤性神经症（Traumatic Neuroses）患者所采用的方法一样。我个人对创伤性神经症并没有直接经验，不过我怀疑那些具有创伤性神经症的人是否也可以属于这一范畴，并且把创伤当作需求的借口任意地索取回报。

我将举出一些实例，来指出神经症患者如何会通过让别人产生罪恶感或歉疚感，以便使他自己的需求看来合情合理。一位妻子会因为丈夫的不忠而生病。她并没有表示任何责备之意，也许甚至并没有在意识上感到敌意，但是她的生病却在内涵上是一种活生生的责难，目的要使她丈夫产生罪恶感，并且使他心甘情愿地把他的关注完全放在她身上。

另外属于这类神经症患者之实例，是一位患有强迫症及歇斯底里症的女人，有时候会坚持帮助她的姐妹做家事。经过一两天后，她将会在无意识里感到异常愤怒，因为她们居然接受了她的帮忙，于是她会由于症状增加，而必须卧床，因而迫使她的姐妹不只要单独处理家事，而且还必须花更多时间精力来照顾她。再次地，她的健康恶化，表示了一种非难，并且需求别人补偿。这个人还有一次在她姐妹批评她时昏倒了，由此她表示她的怨恨并要求她们给她以同情怜悯。

我的一位病人，在她接受心理分析一段时间后，病情却越来越严重，并发展出一种幻想，以为心理医生将使她精神崩溃，并且还要把她的所有财产都劫掠一空，因此在未来，我有义务完全照顾她。这种反应，在每种医疗过程中都很常见，而且往往会演变成对医生的公开威胁。虽然没有这么严重，但如下文所发生的事也很常见：当心理医生去度假时，病人的病情就显出很大的变化或加重。他将暗中或公开地宣称这完全是心理医生的错误所致，所以他才会病情恶化，因此他有特别的权利，要求心理医生给予更多关注。这些实例我们可以在日常生活中经历到。

正如这些例子所指出的，这一类型的神经症患者，会愿意付出痛苦的代价——甚至是强烈的痛苦，因为以此方式，他们能够表达出责难及需求，而不必知觉到自己正如此在做，因而能够维持自己的公正感。

当一个神经症患者运用威胁作为获得爱的武器时，他也许会威胁伤害自己或伤害别人。他会威胁采取一些铤而走险的行动，例如毁谤名誉、对别人施暴，或伤害自己。自杀的恐吓，或甚至自杀企图是为人所熟知的实例。我的一位病人用这种威胁连续获得了两个丈夫。当头一个男人显示出打退堂鼓的意图时，她就在城市最热闹的地方，当着众人的面跳河自杀；而第二个男人表示不愿意结婚时，她就在一个确知能够被发现的时刻，打开了煤气表演自杀。她的意图乃是要表示，她如果缺少了那个男人，她就无法生存。

由于神经症患者希望借他的威胁，来获得别人对他的需求之顺从，因此只要他拥有实现这一目标的希望时，就不会真正实施这个手段。假使他失去了希望，他就可能会由于绝望及报复心理，而真正付诸行动。

第九章　性在爱的病态需求中的作用

对爱的病态追求，常常以性饥渴或一种对性满足的迷恋方式表现出来。在讨论到这一事实时，我们必须问道：是否神经症患者对爱的病态追求，其全部现象都是由性生活中的不满足而引起的？这种对爱、接触、赞许、支持的渴望，会不会并不是由于对安全感的需要，而是由不满足的力比多所促成的？

弗洛伊德多半会如此主张。他曾看到许多神经症患者十分迫切地要与别人接触，并努力缠附他们。他把这一态度描述为由于力比多未得到满足的结果。然而，这一观念乃以一些先入为主的假设为依据的。它假定所以有这些行为的表现，即使其自身并非有关性，如希望得到忠告、赞许或支持的希望，都是被压抑或“升华”的性欲之表现。更有甚者，它假定柔情蜜意乃是性本能的被禁忌或“升华”了的表现。

这种假定是毫无事实根据的。爱的感觉、柔情的表达与性欲之间的关联，并不如我们有时所假定的那样密切。人类学家与历史家告诉我们，个体之爱乃是文化发展的产物。布里福主张性欲与残酷具有十分密切的亲属关系，而与柔情较无关[①]，虽然他的主张并不为人所信服。然而，根据我们从自身文化中所观察到的，可以知道性可以不必具有关爱或柔情就可以存在，而关爱或柔情也可以不必蕴含性感觉就存在。例如，并没有证据证明，母亲与子女之间的柔情爱抚，具有性的意味。我们所能观察的全部——也是作为弗洛伊德发现的结果——乃是性欲的成分可能存在。我们可以发现柔情与性之间的许多关联：柔情可能是性感觉的前奏曲；吾人可能真有性欲望，而却只知觉到柔情的感觉；性欲望可能会刺激起或转化为柔情。而这种柔情与性之间的转化，虽然明确地表明了它们之间的密切关系，然而我们对此判断最好谨慎一点，宁可假定这两种不同的感觉，既可能会吻合，也会互相转化、彼此取代。

何况，假使我们接受弗洛伊德的主张，认为未能满足的力比多乃是追求爱的驱使力量，那么我们就很难理解，为何我们在一些性生活依生理观点来看完全满足无憾的人身上，也会发

① Robert Briffault, *The Mothers*, London and New York, 1927.

现同样对爱的追求，以及由此引起的并发现象——占有欲、索取无条件的爱、感到不被人需要等等。毫无疑问，这种例子确实存在，因此使我们不可避免地下此结论，未满足的力比多并不能解释这些现象，引起这些现象的理由，乃在于性领域之外①。

最后，如果对爱的病态需求只是一种性现象的话，我们就会无法理解它所牵涉的诸多问题，如占有欲、索取无条件的爱、被拒绝的感觉。不错，这些不同问题曾被认出并详细地讨论过，例如，嫉妒被溯源至兄弟之间的争执或者俄狄浦斯情结。无条件的爱的索取则溯源至口唇性欲期，占有欲则被解释为肛门性欲等等。但是却无人发觉，实际上我们在前几章所描述的态度与反应之全部范围，乃是属于同一来源的，它们乃是某一总体结构之不同组成部分。如果不明了焦虑乃是潜藏于爱的需求背后的动态力量，我们就无法了解造成需求增加或减少的明确条件。

依据弗洛伊德自由联想的巧妙方法，我们可以在心理分析过程中，正确地观察焦虑不安与爱的需求之间的关系，尤其是通过注意病人对爱之需求的变动。经过一段建设性合作时期

---

① 具有性满足的能力，但同时在情感领域里却有明确的困扰，这样的例子对于心理分析师来说是很难理解的问题。然而尽管它们不符合弗洛伊德的力比多理论，但它们却并不因此而不存在。

后，病人可能会突然地改变他的行为，并且要求占用心理医生的时间，或者追求他的友谊，或盲目地敬佩他，或变得极端地嫉妒，富占有欲，对自己“只是个病人”这一点很敏感。与此同时，病人的焦虑增加了，或者在梦境中显现，或者在感觉的冲动中显现，或以生理症状表现，例如腹泻或尿频。病人自己并不知晓自己存在焦虑，或者他对心理医生的缠附依赖是受他的焦虑所制约的。假使心理医生明了这一关联，并且把它展示给病人，两人都会发现，在“突发的迷恋”之前，他们曾处理过一些问题，这些问题曾在病人内心激起极大的不安。例如，他可能会把心理医生的解释视为一种不公平的责备，或一种侮辱。

这种连续反应表现如下：一个问题产生了，对它的讨论激发病人对心理医生产生强烈的敌意。病人开始憎恨心理医生，梦见他死亡。接着他压抑自己的敌对冲动，变得恐惧异常，并且由于安全感补偿的需要，他依缠着心理医生。当这些反应全部经历过后，敌意、焦虑以及由此增加的爱的需求，就都消失不见了。由于只要有焦虑，就会紧接着出现更强烈的爱的需求，因此我们有充分把握把它当作一种警告信号，表示一些焦虑正在蠢蠢欲动，即将爆发，所以他在寻求安全感。上文所述的过程，并不只限于心理分析过程中。同样地，这一反应也发生于人际关系中。举例言之，在婚姻里一个丈夫可能会强迫性地依缠着自己的妻子，嫉妒她、占有她，把她理想化并赞美她，然而在内心深处，他憎恨并害怕她。

我们可以合情合理地把掩盖于潜藏的憎恨之上的过度忠诚，称作一种“过度补偿”，不过我们要明白这名词只是粗略的描述，而并不涉及这个过程的动力学。

假如由于上述理由，我们不同意对爱的需求做性欲病因学解释，那么我们就会产生疑问，神经症患者的病态关爱需求，有时候与一种性欲望相伴而生或一起出现，是否只是偶然的，或者是否存在一种条件，在此条件下，爱的需求可能以性的方式表现出来，或以性的方式被感觉到。

从某种程度上说，爱的需求以性的方式表现，要根据外在环境是否适当。在另一方面，它随文化的、生理状况及性气质不同而不同。最后，它有赖于病人是否在性生活上得到满足，因为如果不满足，他就可能比那些性生活满足的人，更会以性的方式做出反应。

虽然所有这些因素都是不辩自明的，而且对个人的反应具有明确的影响，但它们却不能充分说明个体间的基本差异。在许多显示出对爱有病态需求的人的身上，这些反应因人而异。因此我们发现有些人在与他人的接触中，几乎强迫性地立刻表现出或强或弱、或多或少的性色彩；而在另一些人身上，性亢奋或性活动却仍保持在正常的感觉及行为的范围内。

属于前一群人的男女，他们往往从一种性关系快速跳到另一种性关系中。如果我们对他们的反应有更深刻的认识，我们会发现他们缺乏安全感，感到没有保障，而且当他们没有性关系或看到自己不能马上获得性关系之机会时，就会感到十分焦虑不安。属于这同一群体的还有这样一些人，他们有更多抑制作用，实际上只有很少的性关系，但是他们却在自己与他人之间创造一种性气氛，不论那些人是否是特别吸引他的男女。最后，属于这一群体的第三类人，他们在性欲方面有更多的禁忌，但是他们却很容易激起性欲，并且强迫性地把任何男女都看作可能的性伴侣。在这最后的亚群中，强迫性的手淫可能——不是必然——会取代性关系。

在这一群人中，关于他们所获得的生理满足程度有很大的差异。这群人所共同具有的，除了他们的性需要之强迫性质外，乃是在选择伴侣时，完全缺乏选择性，人人皆可，不分彼此。他们与我们已讨论过的一般神经症患者在对爱的病态需求上有相同的特征。除此以外，我们还可能吃惊地发现一个矛盾，即他们一方面随时随地准备与别人进入性关系或想象中的性关系，而另一方面他们在和别人之情绪关系上存在着强烈的紊乱——这种紊乱比那些为基本焦虑所苦恼的普通人身上的更加彻底。这些人不只是无法相信关爱之情，他们在实际上也会变得更加苦恼——如果是男人的话，可能会是阳痿，即使有人给了他们爱。他们可能会明了自己的防御态度，或者他们会反而责怪他们的伴侣。在后一情况下，他们相信自己从未能遇见一个值得爱的女人或男人。

对他们而言，性关系不只是某些特殊的性紧张的消除，也是获得人际来往的唯一方法。如果有人形成一种信念，即对他而言，获得关爱在实际上毫无可能，那么生理的接触就会成为感情关系的代替品。在这种情况下，性就成为走向与他人接触的主要桥梁——若非是唯一的话——因而获得了不寻常的重要性。

在某些人身上，这种因缺乏选择性而对性对象不加区分的倾向可能表现在对潜在性对象的性别不加区分这一点上。他们会在两性身上实际地寻求性关系，或者会被动地屈服于别人的性要求，不论它们是来自同性或异性。我们在此对第一类人不感兴趣，因为对他们而言，性虽然也是建立人际关系的来源，除此方法即难以获得人际交往，但是他们的主要动机并不在于对爱的需求，而是在争取征服他人。或者，更正确地说，要控制、役使他人。这种需求可能会非常迫切，而使性别的不同变得比较不重要。不论是男人或女人，都必须加以支配和奴役，在性方面或其他方面。但是在第二类人身上，他们愿意屈服于异性或同性的性要求，乃是受一种对关爱的无上追求所推动的。由于害怕因拒绝别人的性要求，或者由于敢于防卫自己，不让他人对自己提出性要求而失去这个人，不论这要求是合理还是不合理，因此他们才会毫无选择地与两性发生关系。他们不愿意丧失他人，因为与他人的接触来往，是十分迫切的需要。

要把不分选择地与两性发生关系的现象，用他们天生具有“双性倾向”（Bisexuality）来加以说明，依我之见这根本就是误解歪曲了此一问题。在这些例子中，他们并没有显示出对同性的真正依赖或爱恋。一旦一种坚强的自我肯定取代了焦虑，这种外表看来似乎是同性恋的倾向就会消失，正如对异性的不加选择也会消失一样。

上面所说的两性倾向，也对同性恋问题的某些方面带来启示。事实上，在一般所称的“双性”类型人与的确是同性恋型的人之间，有许多中间的阶段。在后者的生命史中，有许多因素使他把异性的人排斥开，不再把他们当作性的伴侣。当然，同性恋的问题非常错综复杂，使我们无法只根据一个观点就可以完全获得了解。我们最多能够说的只是，我从未见过一位同性恋的人，在他身上不具有我们所说的“双性”人身上存在的因素。

在过去几年中，有许多心理分析学家指出，由于性亢奋及满足可以被当作消除焦虑和发泄心理紧张之方法，因此性需要往往会增加。这种机械主义式的解释也许正确，然而，我相信，还有些心理方面的过程，它使焦虑转化为增强了的性的需要，同时我也相信，这些过程是可以认识的。这一信念乃是建立在心理分析观察的基础上的，而且也是建立在对这些病人的生活史之研究以及对他们性领域外的性格特质的探究上的。

这一类型的病人，在心理分析伊始，可能会激情地迷恋心理医生，并且热烈地要求心理医生回报以爱。或者他们可能会在心理分析过程中，始终维持一种相当冷淡的态度，把他们对性亲密关系的需要转移至其他人身上，那些人可能在外表上与心理医生相似，或者因为两人在梦境中是同一的，因而被当作代替物。最后，这种与心理医生建立性接触的个人需求，可能会在分析过程中出现于性亢奋中，或者完全只出现于梦境里。病人往往会十分惊异地发现这些性欲的毫无疑义的信号，因为他们既不会感到心理医生外表迷人，也根本不会喜欢他。事实上，由心理医生所产生的性吸引力，根本没有起到可见的作用，这些病人的性热情也不比别人的性欲望更不可控制或强烈，而他们的焦虑不安也不比别的病人更多或更少。他们的特征，乃是在内心深处不相信任何真诚的关爱，他们彻底地相信，心理医生只是为了隐秘的动机才会对他们感兴趣；而在医生的内心中，事实上十分鄙视他们，而且可能会伤害他们，对他们不利。

由于神经症患者对轻蔑会有过分敏感的反应，因此他在每次心理分析过程中，都会产生怨愤及怀疑。但是在那些具有特别强烈性需求的病人身上，这种反应形成一种永恒的及固执的态度。他们的这种反应和心态，就好像心理医生与病人之间，有一堵隐形的但却不可跨越的墙屹立着。当他们接触到自己的困难问题时，他们的第一个冲动是放弃一切，中断心理分析。他们在心理分析中所呈现的现象，乃与他们在一生中所曾表现过的完全一样。其不同只是在心理分析之前，他们能够避免知道自己的人际关系在实际上是如何脆弱与错综复杂。然而他们能够很容易涉足性这一事实只能加重事实的混淆，并使他们相信他们之所以随时随地准备建立性关系，乃表示他们在通常情形中有着良好的人际关系。

我上文所提到的态度是十分规律地一起出现的，因此无论何时，只要在心理分析开始时，病人不断显示出对心理医生的性欲望、性幻想或性梦境，那么我就预备在他的人际关系中，发现那种深刻的困扰。也就是根据这一方面的观察，因此我发现心理医生的性别相对不太重要。一位曾经连续地接受男性心理医生分析，又接受女性心理医生分析的病人，对两者都会有相同的反应。在这种情况下，我们如果把它们所表现的外在现象，当作在梦中表现出同性恋的愿望，或其他方面有同性恋倾向，那就大错特错了。

因而一般言之，正如“所有发亮的东西并不全是黄金”一样，同理，“并不是看来像性的东西都是性”。大部分在表面上看来是性的现象，事实上根本与它毫无关系，而只是对自我安全感的欲望之表示而已。如果我们不考虑到这一点，我们就会过分高估了性的地位与重要性。

那些由于未认知的焦虑而加强性需求的人往往单纯地把自己性需求的强度，归咎于他的内心性格或天生脾气，或者归咎于他不受习俗的禁制，能自由行动的事实上。在这样做时，他与那些过分高估自己的睡眠需要的人犯了同样的错误，这些人想象自己的体质需要 10 小时或更多的睡眠，而事实上他们的睡眠需要之所以强烈可能是受许多郁积情绪所决定的；睡眠对他们而言，可以当作逃避所有冲突矛盾的手段。这种相同逃避方法也适用于强迫性的饮食或酗酒上。饮食、饮酒、睡眠、性，都构成了生理的重要需求。它们的强度，不只因个人的天生体质而不同，也随其他条件而不同，如气候、其他满足的存在与否、外在刺激的存在与否、工作的紧张程度、目前的生理状况等。但是所有这一切需求同样可能会因无意识的因素而增强。

性与关爱需要互相关联，使我们了解性的节制问题。节欲能够被忍受到何种程度，乃随文化与个人之不同而有差异。在个人方面，它可能有赖于许多心理的及生理的因素。然而，我们很容易了解，一位需要性，把它当作消除焦虑的发泄方法的个人，会特别无法忍受任何节制，即使是短暂的忍受。

这些考虑促使我们对性在我们文化中所扮演的角色加以反省。我们似乎倾向于对我们在性方面的开通放任而感到骄傲与得意。诚然，自从维多利亚时代以来，这方面的态度要宽容得多了。我们在性关系中有更大的自由，并且在满足上有更大的能力。后一点对女性来说尤其是如此。性冷淡已经不再被认为是女性的正常情况，而一般地被认为是一种缺憾。然而，尽管有这些改变，这方面的进步仍不如我们所想象的那么深远，因为今日的很多性行为，仍然只是心理紧张的出气筒，而不是真正的性驱力。因此，它更多地是一种麻醉品，而不是真正的性快乐或性满足。

这种文化境况也在心理分析概念中反映出来。这是弗洛伊德的伟大成就之一，他的贡献使我们明白了性应有的重要性。然而，在细节上，有许多现象被当作是与性有关的，而事实上它们只是复杂的神经症症状的表现，且主要是对爱的病态需求的体现。举例言之，对心理医生的性欲望，通常被解释为对父亲或母亲的性欲望固着作用的重复，然而，它们往往根本不是真正的性欲望，而只是要追求安全保障，以消除焦虑不安。当然，病人常常会把自由联想或梦境与下述意愿相连接，例如，一种希望躺在母亲怀里的愿望，或回到子宫中的愿望；这种愿望表示了一种对父亲或母亲的“移情作用”。然而，我们不可忘记，这种明显的移情作用也可能只是目前他对爱或庇护的欲望之表达形式而已。

即使对心理医生的性欲望，被认为是对父亲或母亲的欲望之直接重复，也无法证明婴儿对父母的依恋本身，是一种真正的性欲眷恋。有很多证据证明在成年的神经症中，所有的爱与嫉妒的特征——弗洛伊德把它描述为俄狄浦斯情结的现象——可能早已存在于童年时期，但是它的出现频率比弗洛伊德所假定的要更小。正如我早已提过的，我相信俄狄浦斯情结并不是一种主要的过程，而是许多不同过程的结果。它可能是一种不太复杂的孩童反应，由父母给予的带有性欲色彩的爱抚所诱发，因子女目击性场面所产生，是由于父母之中一方将孩童作为盲目宠爱的目标而引起的。另一方面，它也可能是许多更为复杂的过程之结果。正如我早已说过的，在那些提供俄狄浦斯情结之温床的家庭环境内，常常都会在孩童内心引起很多恐惧与敌意，而对它们的压抑的结果，是使他形成了焦虑。对我而言，在这种情形下，俄狄浦斯情结很可能是由于孩童为了获得安全而依缠父母中的一方所产生的。事实上，一种完全成型的俄狄浦斯情结，正如弗洛伊德所描述的，会显示出所有的倾向——如对无条件的爱之过分希求、嫉妒、占有欲、由于被拒绝而产生的憎恨——这些倾向都是对爱的病态需求之特性。在这些情形中，俄狄浦斯情结并不是神经症的来源，而是一种神经症的形式。

第十章　对权力、声望及财富的追求

对爱的追求，在我们文化中，是获得安全感以抗拒焦虑所常用的一种方法。还有一种方法则是追求权力、声望及财富占有。

我可能必须说明，为何我把声望、权力与财富当作一个问题来讨论。在细节上，对个人而言，其主要倾向是追求这些目标中的哪一个，在人格意义上有很大的差别。在神经症患者对安全感的追求中，哪一种目标是其主要的目标，有赖于外在环境，也根据个人的天赋与心理结构而有不同。我把它们当作统一的事物来讨论，主要是因为它们有一个共同点，这一点使它们与关爱需求有所区别。获取关爱意味着要经由与别人的热烈接触来获得安全感，而追求权力、声望及财富，则意味着疏离与别人之接触，通过强调和坚守自己的立场来获取安全感。

要统治支配、要赢取声望、要获得财富的愿望，当然本身并不是病态的倾向，正如要得到关爱的愿望本身不是病态的一样。为了了解在这些方面中的病态追求之特性，我们必须把它们与正常的追求互相比较。举例言之，在正常人身上对权力的感觉，也许会产生于意识到自身在力量上的优越，不论那是身体的能力或力量，还是心智能力、成熟或智慧。此外，对权力的追求也许与某些特殊原因有关联，例如家族、政治或职业团体、祖国、某种宗教或科学理想等。然而，对权力的病态追求却是由焦虑不安、憎恨及自卑感所产生的。更明白地说，正常的权力追求乃是出于力量，而病态的追求则出于软弱。

在这里，也牵涉了文化的因素。个人的权力、声望与财富并不是在每一文化中都扮演同一个角色。例如，对普韦布洛印第安人而言，争取声望是绝对不受鼓励的，而在个人的财产占有权上也只是有微小的差别而已，因此这种财富的追求也不太重要。在该文化中，要追求任何统治权力作为获得安全感的方法，是没有什么意义的。我们文化中的神经症患者之所以选择这一方法，乃是由于事实上，在我们的社会结构中，权力、声望及财富能够使人感到获得极大安全感而已。

在探究产生这种对权力、声望的追求之环境时，我们会明显地发现这种追求通常只有在不能经由关爱而找到安全感以消除潜在的焦虑时才会发展形成。我将举出一个实例，揭示出这种追求是如何形成的，当关爱需求失败时，它会怎样以野心勃勃的形式表现出来。

有一个女孩子很强烈地依附着比自己大4岁的哥哥。他们曾沉湎于多少具有性意味的彼此爱抚中，但是当这女孩8岁时，她的哥哥突然拒绝了她，指出他们年纪大了，不可以再玩那种游戏。在这次经历后不久，这个女孩突然在学校表现得非常野心勃勃。毫无疑问，这是由于她对自己在追求关爱中所感到的失望引起的。同时，这种失望也由于这个女孩子再没有什么人可以让她依附，而变得更难以忍受。他们的父亲对子女一向漠不关心，而母亲特别偏爱哥哥。所以她感受到的不只是失望之情，还有对她自尊的一种可怕的打击。她并不晓得她的哥哥之所以改变态度，乃是由于他已经长大并接近青春期了，因此她感到十分羞耻和屈辱。她的自信心一向就是建立在极不稳固的基础上，因此这种屈辱感就更加强烈。她的母亲从不喜欢也不需要她，且她的母亲貌美如花，备受赞赏与称誉，她遂感到自己无足轻重。除此以外，她的哥哥不只受母亲所偏爱，而且还得到了她的信任。父母的婚姻并不美满，因而母亲把她自己的困扰都拿来与她的哥哥商量，令这女孩感到自己完全被遗弃了。于是她又另外尝试获得她所需要的关爱，在与哥哥那段痛苦的经历后，她马上爱上了一位她在旅行中遇见的男孩。她为此感到十分兴奋，并且开始编织与这男孩有关的美丽幻想。然而当那男孩子离开她的视野，沮丧又带来了新的失望。

正如在这类情境中常常发生的，父母与家庭医生把她的精神状况归咎于她在学校中所属的年级太高了，不适合她。于是他们让她暂时休学，去参加夏令营以放松心情。然后又让她去念低一年的班级。于是，在她 9 岁时，她显示出一种十分热切的野心。她无法忍受屈居人下，非要拿第一名独占鳌头不可。同时，她与其他女孩本来十分友善的关系也开始恶化了。

这一病例说明了产生一种病态野心的诸多混合因素：从一开始，她就感到不安全，因为她感到不被人需要；由此产生了可观的敌对反抗心理，但是这心情又不能表现出来，因为她家庭中的主要支配者——母亲，要求盲目的赞美；于是这压抑了的敌意激起了大量的焦虑；她的自尊心从未能有机会发展，而她多次感到屈辱，同时她与哥哥的经历又让她感受到致命的耻辱。追求爱以作为恢复自尊心的方法之尝试终于失败。

对权力、声望及财富的病态追求，不只是用来作为对抗焦虑的保护措施，而且也是使被压抑的敌意得到发泄的出气孔。我在下文将首先讨论，这些追求如何成为防止焦虑的特殊保护，然后再讨论它可以释放敌意的特殊作用。

对权力的追求，首先是可以成为防止绝望无助的防御方法，这种无助感乃是焦虑的基本要素之一。神经症患者会为任何无依无助或自身所出现的软弱而感到痛苦，因此他会逃避任何正常人看来完全是司空见惯的情境，例如接受引导、忠告或帮助，任何对别人或环境的依赖，对别人意见的任何屈服和同意。这种对软弱无能的反抗，并不是立刻就会以全部力量爆发，而是逐渐增加的。神经症患者越在实际上感到自己为禁忌所抑制，就越不能够肯定自己。他在实际上越软弱，他就越焦虑，而必须逃避一切在外表上看来与软弱有些微相似的任何事物。

其次，这对权力的病态追求可以作为一种保护以对抗感到或被认为是无足轻重的危险。神经症患者形成了一种僵化而非理性的权力理想，使他相信他必须能够主宰一切情况，不论它是如何困难，他都应该马上就把握它。这种理想开始与傲慢相联系，且自然而然地，神经症患者变得认为软弱不只是种危险，而且也是一件耻辱的事。他把人们分成“强者”或“弱者”两种，赞颂前者而蔑视后者。他对软弱的观念也往往十分极端。他对那些同意他或服从他愿望的人，对那些心存各种禁忌或无法控制自己的情绪因而老是表情冷漠的人，多少有点轻视。他也轻视自己身上的同一品质。如果他在自己身上发现焦虑或抑制作用的存在，他会感到受侮辱，因此他对自己有神经症一事也感到十分蔑视，因而会急于把这事实秘密地隐藏起来。他也因为自己不能够独自应付焦虑而鄙视自己。

对这种权力追求的特殊形式，取决于病人对因缺乏权力感到害怕或轻视的程度。我将提到一些这种追求的特别常见的表现。

其中之一是，神经症患者会渴望能够控制别人与控制自己。他不愿意看到任何不是由他所发起或同意的事情发生。这种对控制的追求，也许会以有意识的方式表现，他允许别人有完全的自由，但却坚持要知道别人的一切行为，并且在别人有所隐瞒时感到愤怒异常。这种控制一切的倾向可能会被压抑下去，不仅使病人自己，甚至使与他有关的人，都会相信他十分慷慨大方，能够允许别人自由自在。然而如果他把自己的支配欲望完全地压抑下去，或者每当他欲控制的对象与其他朋友有约会或未及时返回之时，他就会十分沮丧或感到剧烈的头痛或肠胃不舒服。由于他不明白这种身体不适的原因，他会把它们归咎于天气不好、饮食不好或者其他不对劲的外部情形。很多被一般人当作是好奇心的行为，事实上可能是受一种要支配一切的秘密欲望所决定的。

这一类人，也常常会在任何时刻中，都要求自己正确无误从不出错。因此如果有人证明他错了，即使只是无足轻重的小节，他也会大发雷霆。他们必须比任何人都更熟悉一切事物，这种态度有时会显得非常的特异。有些十分正经与可靠的人，当他们面对一个他们无法解答的问题时，会假装自己知道，或甚至编造一些似是而非的答案，即使并没有人会对他在这问题上的无知加以嘲笑或注意。有时候，这种支配一切的人会强调他们希望能够在事情未发生以前预期并预言每一种可能性。这种态度使他对任何包含无法控制因素的情境都会感到十分不满。也使他对那些无法控制的任何事情都不感兴趣，绝对不会去冒险。如果有一个患神经症的女性感到一个男人很有魅力，她可能会喜欢上他。但是一旦这男人开始爱上了她，她就会突然地改变态度而轻视他。这一类型的病人会发现他们在自由联想时，无法畅快自在，因为这将表示失去了控制，并且让自己陷入未知的情境中，茫然不知所措。

另外一种神经症患者对权力追求的态度上的特征，乃是体现了我行我素的欲望。如果别人不按他所希望所预期的去做，或者不按他所预定的时间完成任务，他一定会经常愤怒异常。这种缺乏耐心的态度与对权力的追求有很密切的关系。任何方式的迟延、被迫等待，即使只是等待交通信号的变换，都会使他大发雷霆。常常地，神经症患者并不曾知觉到自己存在着想要支配一切的态度，至少是不知道这种态度对自己的影响有多大。这一事实对他有重大的意义，因为不去知觉它并且不去改变它，就可以维持其重要的防护功能。而且别人也不可以认出它，因为如果他们明白了，那么他就可能会丧失他们的关爱。

这种知觉缺乏对爱情关系有重要的含义。假如情人或丈夫并没有依照自己的期望行动，假如他赴约过迟，没有打电话来，离开城市到别的地方去了，那么神经症患者就会觉得他们不爱自己。她并不知道他的感觉，却把对别人未能服从她的欲望而产生的愤怒反应，解释为是她不受欢迎，没人需要她的证明。这种谬误在我们的文化中确实常见，同时它是不被人需要的感觉的一种主要来源，这种感觉通常是神经症的重要诱因。一般而言，这种谬误是由父母身上学习而来的。一位支配欲强的母亲，会对子女的反抗感到十分震怒，她会因此相信并宣称子女一点也不爱她。在这一基础上产生的奇怪的冲突矛盾，使任何友爱关系都遭到极大挫折。有神经症的女孩无法爱一个“软弱”的男人，因为她们轻视任何软弱。但是她们也无法忍受一个“强悍”的男人，因为她们期望自己的伴侣会永远屈服于自己的意志之下。因此她们在心中所秘密追寻的乃是英雄人物，是超级强人，同时又是十分软弱，并会毫不犹豫地屈服于她们的意志之下。

追求权力的另一态度，乃是绝不屈服。同意一项意见，或接受一次建议，即使他们自己也认为这建议是对的，对他们而言也是软弱的表示，甚至想要如此做的念头，都会使他们反叛。那些认为这种顽固态度非常重要的人因为害怕屈服而强迫性地采取相反之道。这种态度最常见的表现，乃是神经症患者在其内心隐秘地坚持世界应当适应自己，而不是他自己要适应外在世界。心理分析治疗的基本困难之一，就是从这一来源产生的。心理分析的根本目的，并不是只要使患者获得理解、领悟或洞见，而是要运用此种领悟来改变他的态度。尽管明白人格的改变对他很有助益，但这种神经症患者却会拒绝任何改变的尝试，因为对他而言它表示了最后的屈服和投降。这种妥协的能力之缺乏，也存在于爱情关系里。爱，不论它所代表的是什么，永远包含投降、屈服于爱人的同时也是对自己感情的屈服。不论是男是女，无法做出这种献身或屈服，他的爱情关系就不能圆满。同一因素可能也是性冷感的原因之一，因为性高潮可能代表着完全屈服的能力。

我们在追求权力中所看到的其对爱情关系的影响，使我们能更完整地了解许多神经症患者对关爱需求的含义。如果我们未能考虑权力追求在追求爱的过程中所扮演的部分角色，我们就无法完全了解对爱的追求中所包含的诸多态度。

正如我们所见的，对权力的追求乃是对抗软弱及无足轻重感的一种保护措施。后者这一作用与追求声望有共同点。

属于追求声望这一类型的神经症患者，会迫切需要吸引别人，为人所称赞及尊敬。他会产生以美貌、智慧或某些特别出色的优点来吸引人的幻想。他会任意无度地花费金钱，强迫性地变得慷慨大方。他会使自己能够谈论刚出版的书本或刚上演的戏剧，并且认识有权有势的人。他不能够把那些不称赞他的人当作自己的朋友、丈夫、妻子甚至雇员。他的自尊完全有赖于被人赞誉，而如果不为人赞颂，他就变得一文不值。由于他的极度敏感，以及由于他不断地感到受侮辱，因此生命遂成为永恒的苦难。他往往不能知觉到自己已感到受侮辱，因为这一知觉会使他非常痛苦。但是不论知觉与否，他都会以愤怒来对付任何这种感觉，并且他的愤怒会依其所感受的痛苦程度不同而不同。因此他的态度，总是不断会产生新的敌意与新的焦虑。

为了描述的目的，我们可以把这种人称为自恋者。然而，如果我们要研究其动态，那么这称呼就会让人误入歧途了，因为他虽然时常不断地炫耀自我，却主要都不是为了自爱，而是为了保护自己以对抗无足轻重及受侮辱的感觉，或者用正面的话来说，为了恢复崩溃了的自尊心。

他与别人的关系越疏远，他对声望的追求就越向内发展。于是他就希望能够孤芳自赏，希望自己在自己眼中保持神奇性与超人的气质。每一个小缺点，不论是真正的还是模糊感到的，都被他认为是一种耻辱。

在我们的文化中，保护自己对抗无助轻视和侮辱，也可以通过追求财富占有来完成，只要财富能够给人权力及声望。这种对财产的非理性追求，在我们的文化中非常流行，因此只有把此现象与其他文化互相比较，我们才会发现这并不是一般人类的本能，它既非一种贪得无厌的本能的形式，也不是生物驱力的升华形式。即使在我们的文化中，对财产的强迫性追求欲，一旦把它背后的焦虑减轻或排除后，也会自动消失。

追求财富所要防护的特殊恐惧，乃是害怕贫困潦倒、寄人篱下。对贫困的恐惧可能变成驱策人们的鞭子，迫使人们不休不止地苦干，且不择手段地把握一切机会赚钱。这种追求的防御性特征，表现在他无法利用自己的金钱来取得更大的快乐之事上。对财富占有的追求不一定只是争取金钱或物质，也可以是一种占有别人的态度，以防卫自己失去关爱。我们一般人都十分熟知这种占有现象，比如从婚姻中所表现的。在婚姻中，法律提供了此一互相占有的合法根据，而占有的特征，正如我在讨论追求权力时所描述的特征一样，因此我在此不打算举出特别的实例。

我在上文所描述的三种追求，正如我已提过的，不只可作为防止焦虑以获得安全感的方法，也可以作为宣泄敌意的手段。这种敌意以支配别人、侮辱别人还是以剥削别人的倾向形式表现出来，取决于哪一种追求占了上风。

对权力的病态追求所包含的支配特性，并不必然公开地以对别人的敌意表现出来。它也许会以具有社会价值或人本主义的伪装形式表现出来，例如伪装成一种给人忠告的态度，喜欢处理别人的事情，当指导者或创造者。但是如果在这一态度之内含有敌意，那么别人——子女、婚姻伴侣、属下——就会感觉到它，并且报以顺服或反抗的反应。神经症患者本身通常对它所包含的敌意没有知觉，即使在事情不如他所想的那么顺利并让他生气万分时，他仍然会坚信不疑，认为自己在本质上是个温和的人；只是别人太可恶了，居然会反对他，所以他才会生气烦躁。然而，真正发生的，乃是神经症患者的敌意被压抑成为文明的形式，且在他无法顺利依自己之意行事时发泄了出来。如果换了别人，在这种场合下，不会认为他们在反抗自己，他们只是意见稍有不同，或者不能接受自己的劝告而已。然而这种小事却会引起他很大的怨怒。我们也可以把支配的态度当作一种安全阀，经由此可使一些敌意以不具破坏性的方法发泄出来。由于它本身是敌意的弱化表现，因此它为阻止破坏性本能冲动爆发提供了一种途径。

由他人的反抗所引起的怨怒，也许会受压制，正如我们所看见的；而被压抑的敌意会产生新的焦虑。这可以在沮丧抑郁或疲惫不堪中表现出来。由于引起这些反应的事件是十分无足轻重的，因此它逃过了人们的注意，又由于神经症患者不明了自己的反应，因此这种沮丧或焦虑状态看来似乎并没有外在的刺激。只有精确的观察，才能逐渐地揭示外界刺激与其反应之间的关系。

由强迫性的统治欲所产生的更深一层特性，是个人欠缺拥有任何平等关系的能力。他一定要当领袖，不然就会感到完全迷失、六神无主与软弱无能。他是如此地独裁，因此任何他无法完全控制支配的事物都会使他感觉到被征服；如果他的怨怒被压抑了，这压抑会产生沮丧消沉、闷闷不乐及疲倦感。然而，他所感到的无助，可能只是一种再次获得统治地位的迂回方法，或者是因为不能领导人而引起的敌意之表现。且举一个实例，有一个女人与她的丈夫一起在陌生的城市散步。在某些地方，她预先曾研究过地图，因此由她做向导。但是当他们来到一些她在地图上没见过的地方或街道时，她就自然地感到不安全，于是她干脆把后面的向导责任完全交给丈夫。在此以前，她十分愉快且积极，但是在这之后，她突然感到疲倦异常，甚至寸步难行，摇摇欲坠。我们大部分人都知道在一些婚姻伴侣、兄弟以及朋友之间的关系中，神经症患者在这些关系中的行动，就好像是一个奴隶主一样，他把自己的软弱无力当作鞭子，以便强迫别人服从自己的意志，索取一些无止境的注意、关心与帮助。这些状况之特征，就是神经症患者从来无法因别人所给予他的而产生感谢之情，只是以一再的抱怨与一再的要求来回应，或者更糟糕的，以控诉别人忽视他及亏待他来回应。

这种行为，也可以在心理分析的过程中观察到。这一类型的病人可能会拼命地要求帮助，但是他们不只会无法接受和服从别人的任何建议，而且会因为没有得到帮助而愤怒异常。如果他们获得了帮助，但这帮助又是要求对他们的一些特异人格加以了解时，他们就会马上退缩至自己原来的烦恼中，就好像什么事都没发生似的。同时他们会把心理医生苦心的努力所产生的心血结晶——洞见——加以摧毁无余。然后强迫心理医生重新开始，而这些努力又注定再度失败。

病人可能会从这一情境中获得双重的满足：通过展示自己的无依无助，迫使心理医生奴隶一般为他服务，并获得一种胜利感；同时，他的策略仿佛能够强迫心理分析家产生无能为力的感觉，如此一来他发现虽然他的困扰使他无法在建设性方面表现其统治能力，但却使他有了破坏性统治的可能性。不必说，以此方式所获得的满足是完全潜藏于意识之下的，正如为了获取此一满足所运用的技巧也是无意识地应用的。病人自己所能知觉的一切，只是明白自己需要大量的援助，但却无法得到它。因此在病人看来，他的所作所为不只是完全合情合理的，而且认为自己有极大的权力对心理医生感到愤怒。同时，他无法避免地明白自己正在玩一种狡猾的计策，因而自然而然地，他会害怕被发现与受到报复。因此为了自卫，他认为他必须加强自己的地位，于是他开始颠倒是非。他认为并不是他在内心秘密地产生一些破坏性的攻击欲望，而是心理医生忽视他、欺骗他又亏待他。然而，只有在他真正感到被伤害时，这一地位才会维持成一种信念。在这种情境下的人，不只不会承认自己并没有遭受虐待，而且相反，他还会对维持自己的信念十分感兴趣。由于他坚持自己被牺牲了、被伤害了，因此常常使人产生他希望被虐待的印象。事实上，他正如我们一样，并不希望受虐待，但是他之相信自己被虐待了的信念具有太过重要的功能，因此使他无法轻易地放弃这种行为。

在统治的态度中可能包含了许多敌对心理，因此它会产生新的焦虑。而这又可能会引发抑制作用，使他不能下命令，不能下定决心，无法表达明确的意见。结果使神经症患者常常显出过分顺服的样子。而这又转而使他把自己的抑制作用错当作内心的软弱。

在那些把追求声望当作头等大事的人身上，敌意通常会以侮辱人的欲望的方式表现出来。这一欲望在这些人身上占有永恒的地位，因他的自尊心被侮辱所伤害过，并且因而变得报复成性。通常他们在孩童时，都曾经历了一连串的受侮经验，这些经验可能与他们所成长的社会有关，例如属于少数种族，或者自己的家庭虽贫困但却有富有的亲戚。也可能是与自己的遭遇有关，例如，因为其他的孩子，而使自己未能享受到公平的爱，被轻视，被父母当作玩物看待，有时候被纵容，有时候又被斥责、冷落、怒骂。这种经验因为它们所带有的痛苦特性，常常会被遗忘，但是一旦遇到与侮辱有关的问题，它们又会在意识知觉中出现了。在成人的神经症中，这些童年的经验我们只能发现它的间接结果，而不能观察到直接结果，这一间接结果由于变成“恶性循环”而被加强了，这一循环是：一种被侮辱感→要侮辱别人的欲望→由于害怕受人报复遂对侮辱人特别敏感→又加重侮辱别人欲望。

侮辱别人的倾向被深深地压抑了，通常是因为神经症患者从他自己的敏感中知道他被侮辱时，是感到如何的痛苦与如何渴望报复，因此他本能地害怕别人也会有同样反应。但这些倾向还是会在他毫无知觉的情况下产生。这种倾向可以表现为在无心中忽视别人，让他人长时间等待，在无心中使别人陷入尴尬情境，使别人感到寄人篱下等。即使神经症患者完全不知晓自己希望侮辱别人，或意识不到自己曾有过如此行为，他与别人相处时仍然会充满焦虑，不断地担心遭到斥责或侮辱。我在后文讨论到对失败的恐惧时，将再回头讨论这种恐惧。由这种对侮辱的极端敏感所产生的抑制作用，常常会表现为一种逃避一切可能会侮辱伤害别人的事情。例如，这种神经症患者可能会欠缺批评的能力、拒绝别人的能力，没有开除一位属下的能力。结果是，他常常显得考虑得过分周全或过分彬彬有礼。

最后，侮辱别人的倾向，可能会隐藏于称誉别人的倾向背后。由于侮辱他人及赞誉他人很富戏剧性地截然相反，因此后者乃是隐藏或掩饰前者的最佳方法。这也是为什么这两种极端不同的倾向可以同时在一个人身上发现的理由。这两种态度的出现方式有很多种，理由随个人之不同而不同。它们可能在不同的生命时期分别出现，一个人身上可能有一段轻视一般人的时期，然后再继之以英雄崇拜的时期；有时是赞颂男人，轻视女人，有时则相反；有时对一两个人盲目崇拜，而对其余世人则加以盲目的蔑视。在心理分析的过程中，我们可以观察到这两种态度在现实中一起存在。病人可能会在同一时刻既盲目崇拜又盲目轻视心理医生，不过有时会把其中之一的感觉压抑下去，或在两者之间徘徊。

在对财富占有的追求中，敌意通常以剥削别人的倾向表现出来。要欺骗别人、偷窃别人、破坏或打击别人的愿望在本身并不是病态的。它可能是由文化决定的，或由于实际情况所产生，它也可能被认为只是正常的利己行为问题。然而，在神经症患者身上，这些倾向充满了情绪色彩。即使他从他人身上所获得的正面利益是微不足道的，如果他成功的话，他也会感到十分兴奋与充满胜利感。例如，为了讨价还价弄到一个便宜货，他会花费很多时间与精力，完全与它所获得的利益不成比例。他由成功所获得的满足有两种来源：一种是感到自己比别人更聪明，另一种是感到他伤害了别人。

这种剥削他人的倾向会以很多方式表现出来。神经症患者会对一位不能无代价地治疗他的医生感到愤怒异常，或者他无法付出医生所要求的报酬时，会感到怨怒。如果他的下属不能毫无报酬地加班工作，他就会对他们生气。在与朋友及子女的关系中，这种剥削的倾向，常常通过宣称他们对他有义务而使它合法化。父母可能会要求子女根据这一理由牺牲自己，而实际上毁了他们子女的一生。纵使这种倾向没有以这种破坏性的形式出现，任何依照自己这种信念——相信子女存在就是为了要使她满足——而行动的母亲，都会必然在情感上对子女进行掠夺和榨取。这种类型的神经症患者也可能会倾向扣留别人的东西，不愿付出自己应该付出的金钱，不愿给出他可以提供的消息，或者给予他已让人有所期待的性满足。这种强盗式作风可能会表现为偷窃之梦重复出现，或者他会在意识上有去偷窃的冲动，只不过他把它压抑下去了。而他也可能实际上在某一时期是个盗窃狂。

这一类型的人往往不能知觉到他们是在有意地剥削别人。那促使他们希望如此行动的焦虑不安，可能会产生抑制的结果，只要一有人对他有所期待。举例言之，他们应该买生日礼物时，往往会忘记买，或者有女人愿意与他做爱时，他却变得阳痿。然而，这一焦虑并不总是会产生实际的抑制作用，它也可能会变成潜在的恐惧，害怕他们正在剥削或排斥别人。虽然他们的确是如此行动的，但在意识上他们会愤怒地否认自己有这种意图。一位神经症患者甚至会对他的一些不含有这种掠夺倾向的行为感到恐惧，同时，他们又一点也不能知觉到，在他的其他行为上，他正在剥削和掠夺别人。

这种剥削别人的倾向，常常伴有一种羡慕、嫉妒的情绪。假使别人占有了一些我们自己也希望得到的利益，我们大部分人都会感到有点嫉妒。然而，正常人的嫉妒乃是强调他希望自己拥有这些利益之事实；而神经症患者的嫉妒，却是强调下述事实，即他悭吝地不愿别人有好处，即使他自己并不希望得到这些好处。这一类型的母亲，常常会嫉妒她的子女快乐，并告诉他们说“今天谁笑得欢，明天他就哭得惨”。

神经症患者会借着把妒忌放在合情合理的根基上，来掩饰自己吝惜态度的丑恶面。别人的利益，不论是牵涉一个洋娃娃、一个女孩、一种闲暇还是一项职业，都显得光彩耀目、十分可意，使他认为自己的羡慕完全合情合理。这种合情合理，只有借一些对事实的无意歪曲才有可能，例如对自己所拥有的东西过度低估，及别人所拥有的东西真正有价值之类的错觉。这种自我欺骗可能会太过分，而使他真正地相信自己正处在悲惨可怜的状态下，因为他不能拥有别人所拥有的利益，别人凌驾了他，而完全忘记在所有其他方面，他都不会愿意与别人交换。这种歪曲误解作用所必须付出的代价就是无法享受和感谢已有的快乐和幸福。然而，这种能力缺乏却能够保护他，使他避免了那令他恐惧的他人之羡慕。一如许多正常人为了找到理由保护自己不受人嫉妒一样，他并非有意抛弃自己已有的满足，但由于他错误地估计了他真正的情境，并且在这方面的工作做得如此彻底，以至于剥夺了自己的任何享乐。这样他终于破坏了自己的目标，他本来希望拥有一切，但是由于他的破坏性冲动及焦虑，他在最后只有两手空空。

很明显，这种剥削或掠夺别人的倾向，就像我们已讨论过的其他敌对倾向一样，不只是从有缺陷的人际关系中产生，也会更进一步加深人际关系障碍。尤其是，如果这种倾向多少是属于无意识的话——正如大部分的情形一样，它必然会使个人忸怩，甚至在别人面前变得畏怯。在那些他并不对之抱任何期望的人面前，他可以感到自由自在，行动言谈自然大方，但是只要他有可能会从别人身上得到任何利益时，他就会变得不自然了。这种利益可能是可把握的事物，例如实物利益、消息信息或一种忠告。它也可能是与比较不可把握的事物有关，例如未来的利益之可能性。这在性方面或其他一切关系上都如此。这一类型的神经症患者，可能会对她并不关心、不介意的男人十分坦白及举止自然大方，但是一旦遇见一位她所喜欢的人，或她希望迷住的男人时，她就会忸怩不安，手足无措，因为对她而言，获得他的关爱或感情，就像是剥夺了他身上所拥有的东西似的。

这一类型的人可能在赚钱方面非常擅长，因而他们的冲动可以被引导至有益的方面。然而他们往往会在赚钱方面也形成一种抑制作用，使他们会不敢要求别人付出代价，或会孜孜不倦地苦干，但却无法拿到相等的报酬，因此在外表上表现出比真正情形更慷慨的行为来。他们会对自己不能赚到相当的钱而感到十分不满，但常常不明白这种不满足的理由。如果神经症患者的抑制作用非常严重，渗透到了他的全部人格，那么其结果是，他无法独立自主，而必须靠别人的支持。于是他会过上一种寄生虫似的生活，以此满足他剥削别人的倾向。这一种寄生虫态度，并不必然以“所有人都该为我服务”的明显形式出现，也可能会通过一些巧妙的形式出现，例如期望别人给他一些好处、替他打算、给他的工作出主意，简言之，期望别人对他的生活负起责任。其结果是形成一种奇特的人生态度，他对他自己的一生没有清楚的概念，不明白他必须使自己的人生有一个目标，有所建树，不然就会毁了自己的一生。他的生活态度，就好像他身上所发生的一切皆与他无关，好像善与恶皆从外在世界产生，而与他的所作所为一点也没有关系。好像他有权利期望别人给予他一切美好事物一般，而如果有坏事发生，他有权谴责别人。由于在这种情形下，邪恶往往会比美好更容易产生，因此不可避免地，对世界的憎恨态度遂逐渐形成。这种寄生虫态度，也可以在对爱的病态需求中发现，当对爱的需求表现为对物质利益的需求时尤其如此。

神经症患者要剥削或掠夺别人的倾向之另一常见结果，乃是对可能被别人所欺骗或剥削的焦虑不安。他可能会生活在无限恐惧中，害怕别人会利用他、占他的便宜、偷窃他的金钱或观念；对凡是他所遇见的人，他都会害怕他们要从他手中拿去什么。如果他一旦真的被欺骗了，例如，计程车司机故意绕远路，或者餐厅多收了他的餐费时，他所发泄的愤怒可能会超过应有的程度。这种把自己的邪恶倾向投射至别人身上的心理价值十分明显。认为麻烦在于别人，而不愿意面对自己的真正问题，这的确要愉快得多了。更有甚者，歇斯底里症患者常常会把非难当作恐吓的方法，迫使别人感到罪孽深重，从而任其辱骂或利用。辛克莱·刘易斯(Sinclair Lewis)就曾在描写小说人物多兹沃思夫人的性格时，精彩地描述了这种战术。

神经症患者对权力、声望及占有的目的与功能，可以粗略地图示如下：

目标	为获得安全感的对抗	怨恨的表现形式
权力	无依无助	支配倾向
声望	受侮辱	侮辱倾向
占有	贫困	剥削别人的倾向

这是阿德勒的主要成就，他强调了这些追求的重要性，它

们在神经症患者行为上所发挥的作用，以及它们的伪装面目。然而，阿德勒却认为这些追求乃是人性的最主要倾向，它们本身不需要任何说明。[①]他把它们在神经症中的极端表现，溯源到自卑感及生理的缺陷上。

弗洛伊德也看到了这些追求的许多内涵，不过他不认为它们是属于同一类的。他把追求声望当作自恋的倾向之表现。他把追求权力及财富占有，以及它们所包含的敌意，当作“肛门—虐待狂阶段”的衍生物。然而，后来他明白，这些敌对心理不能简单地用性来解释，因而他主张它们是一种“死之本能”，所以他仍然忠于他自己的生物学取向。无论是阿德勒还是弗洛伊德，都没有明白焦虑在产生这些追求中所占有的重要地位，也都没有看出它们的表现形式包含了文化的内涵。

① 尼采对权力渴望作了同样片面的估计和评价，参看《权力意志》(*Der wille zur Macht*)。

第十一章　病态竞争

获取权力、声望与财富占有的方法随不同文化而不同。它们可能来自继承，也可能来自某些个人拥有的、被一些文化所认可和赞誉的特质，例如勇气、智慧、治愈病人的能力、与超自然力量沟通的能力、心智上有过人之处等等。它们也可以通过坚毅、不寻常的努力而获得，根据自己目前所有的优势来达到，或者通过偶然的情境来获得。在我们的文化中，地位与财富的继承的确占了一个重要位置。然而，假如权力、声望与财富必须通过个人的努力来获取的话，那么他就必须与别人互相竞争。这种竞争以经济为核心，延伸到所有的其他活动中，并渗入到爱情关系、社会关系及游戏中。因竞争对我们文化中的每个人都成为一个问题，因此我们一点也不奇怪，会在病态的冲突中发现它始终占据中心位置。

在我们的文化中，病态竞争与正常竞争有三方面的不同：第一，神经症患者经常拿自己与别人进行对比衡量，即使在根本不需要如此的情境下。虽然努力超越别人，在所有的竞争情形中都是基本要素，但神经症患者却把自己与那些根本不会成为竞争对手的人，或根本不打算与他并驾齐驱的人进行衡量。他与我之间到底哪一个人比较聪明、比较吸引人、受欢迎这一问题，他会不分青红皂白地加诸每个人身上。他对人生的感受，可以拿赛马场中的骑师来比喻，对他而言，只有一件事是重要的——他是否超越了别人。这种态度必然会导向对任何事业都丧失真正的兴趣。他关心的，并不是他所做之事的内容，而是由此行为所能获得的成功、魅力、声望有多少的问题。有的神经症患者也许会意识到自己这种喜欢拿自己与别人互相比较的态度，有的只是机械地做着，一点也不知道自己的所作所为。当然，他也很少会完全知晓这一点在他身上的重大影响。

第二个与正常竞争的不同之处，乃是神经症患者的野心不只是要比别人取得更大的成就，而且是要独一无二、卓尔不群。而他可能会认为在比较上来说，他的目标永远是胜人一筹的。他可以完全明白自己正为无止境的野心所驱使，然而他往往不是完全地压抑了自己的野心，就是部分地遮掩它。例如，在后一情形下，他可能相信他并不介意成功与否，只是关心他所从事的事业；或者，他会相信他并不希望成为镁光灯照射下的中心，而只愿意在幕后跑龙套；或者，他会承认他一度曾是野心勃勃的，在他生命中的某一时期——例如在孩童时代，他曾有当耶稣基督或成为拿破仑第二的幻想，或者拯救世界免于战祸的幻想；如果是女孩子的话，则幻想自己要嫁给威尔士亲王——但是现在他却会宣称，自此以后，他的野心就已消失得无影无踪了。他甚至会抱怨野心消失得太彻底，因此应该恢复他过去的一些野心。假使他完全地压抑了他的野心，他可能会相信野心从来就与他无缘。只有经由心理分析，松动了他所采用的一些防御心理后，他才会回忆起自己以前曾有过夸大性质的幻想，比如曾经在脑海中有一闪念认为自己在某一方面是最优良的人，或者是聪明过人、英俊漂亮；他曾经有过十分震惊的体验，因为当有他在场时，居然有女人会爱上别的男人，甚至在回忆时，他也会感到怨愤异常。然而，在大部分病例中，由于忽略了在自己的反应之中野心所扮演的有力角色，因此他不会认为这些幻想有特别的重要意义。

这种野心有时候会集中于一个特定目标：智慧、魅力、某些成就或道德。然而，有时候，这种野心并不集中于明确的目标，而是弥漫于个人的所有活动中。他必须是他所接触的一切领域中之最高权威。他可能同时希望自己是个伟大的发明家，又是个杰出的医生与不可匹敌的音乐家。这一类型的女人可能会希望自己不只是在工作上出类拔萃，同时又是完美无缺的家庭主妇与最善于打扮的女人。这一类型的青少年，可能会发现自己无法选择或从事任何一种职业，因为选择这一项便要抛弃另一项，或者至少舍弃了部分自己喜爱的兴趣及活动。对大多数人而言，要同时精通建筑学、外科手术与小提琴确实是困难重重的。同时，这种青年人也会以过分的期望及幻想来开始他们的工作：画图画得像伦勃朗一样美妙，剧本写得可以媲美莎士比亚，刚刚开始在实验室工作，就能够马上算出血球的正确数目。由于他们的过度野心，使他们对自己期望太多，成就无法达到预期目标，因而很容易感到沮丧失望、消沉乏味，并且很快就放弃了自己的努力，而从事另一件工作。有很多具有才华的人就以此方法分散了他们一生的精力。他们的确具有在许多不同领域成功的潜力，但是由于对这一切领域都有兴趣，而又野心勃勃，他们遂无法一心一意地追求任何一种目标。最后他们一事无成，白白浪费了自己的才能。

不管他们是否明了自己的野心，他们对任何挫折都十分敏感。甚至一次成功都会使他感到失望，因为这成功不如他所预期的那么完满。举例言之，一次科学论文或书籍的成功，对他而言都可能是失望的，因为他并没有一鸣惊人，没有如爱因斯坦一般震惊世界，改变人类，而只是引起少数人之注意而已。这一类型的人，在刚刚顺利地通过了一次艰难的考试后，可能因为别人也同样通过了，而对自己的成功表示不满。这种倾向凡事皆不满意的态度，乃是为何这种人无法享受成功的理由之一(其他的理由我将在后文讨论)。自然而然地，他们对任何批评都极端敏感。许多人往往因为别人对他们的著作加以温和的批评，就丧失斗志，心灰意懒，使他们的一生中，就只能完成第一本书或第一张画，而没有更进一步的作品出现。许多潜在的神经症患者，往往在被比他更优秀的人批评后或者遭到失败时，显现出神经症的症状。虽然这种批评或失败本身并不严重，或根本与其产生的心理困扰不成比例。

第三种与正常竞争的不同之点，乃是在神经症患者的野心里蕴含着敌意，乃是他的“只有我才是最美丽的、最有能力的、最成功的人”的态度。敌意潜藏在每种强烈的竞争中，因为竞争者其中之一的胜利，就意味着另一个人的失败。事实上，在个人主义的文化中存在着如此多的破坏性的竞争，以至于孤立地看这种竞争时，我们会犹疑不决，不敢称它为病态的特征，它几乎是一种文化模式。然而，在神经症患者身上，破坏性的一面总比建设性更强大，对他而言，看见别人失败比看见自己的成功更为重要。更确切地说，具有病态野心的人的行为就好像是打败别人比自己成功更加重要。然而在现实中，他自己的成功当然对他最重要。不过由于他对成功有强烈的抑制倾向——我们将在后文看到——对他唯一开放的路途乃是，或至少感觉上是自己比别人更优越：挤垮别人、把别人拉至与自己同等的层次，或比自己更低下。

在我们文化中的竞争行为里，任何为了保持自己的地位或荣誉而伤害竞争者的尝试，或压制潜在对手之行径，都往往是不甚光彩的。然而神经症患者却受一种盲目的、不分青红皂白的及强迫性的冲动所驱使而贬低别人。虽然他明白别人并不会真的伤害他，或者他们的失败与否与他自己的利益完全不冲突，他也会想要诋毁别人。他的感觉可被描述为一种人为的信念："只有一个人能成功"，这是表达"只有我才会成功"的观念之另一方式而已。在他的破坏性冲动背后，可能充满了大量的紧张情绪。例如，一位正在撰写一个剧本的人，当他听到他的一位朋友也正在撰写剧本时，可能会陷入一种盲目的愤怒之中。

这种想要打败或干扰别人的努力之冲动，可以在许多关系中显露出来。一个胸怀大志、野心勃勃的孩童，可能会不顾一切地要挫败父母为他所做的安排。如果父母硬要他取得成功或行为得体，他可能会发展出一种不受社会欢迎的行为。假如他们的努力集中在他的心智发展上，他可能会对学习产生强烈的反感与抑制，而表现出愚钝的样子。我记得有两个年幼的病人被送来我这里，他们被怀疑为智力低下，然而后来我却发现他们能力过人、十分聪慧。由于他们具有使他们父母徒劳无功的动机，所以他们对心理医生采取了同一行为。他们中之一人，有时候会假装不了解我的意思，因此使我对她的智力水平不敢确定，直到我明了她在跟我玩一种她用来反抗她父母与老师的老把戏。这两个孩子都野心勃勃，但是在治疗的开始时，这种野心完全隐藏在破坏性的冲动里。

同样态度也会出现于功课上或对任何治疗的企图上。在学习或进行心理治疗时，一般人都会为了自己的利益好好接受它。但是对这一类型的神经症患者而言，或更正确地说，对他内心的竞争心理这部分而言，打败老师或医生的努力或阻碍他们的成功才是最重要的。同时只要能达到这一目标，证明别人无法在他身上取得成功，他甚至会心甘情愿地付出使自己一直生病或无知的代价，借以向他人证明，他们也不怎么高明。不必说，这一过程是在无意识中发生的。在他的意识心灵中，这种人会相信老师或医生根本没有实际的本领，或者对他而言不是适当的人选。

因此这种病人会不寻常地害怕心理医生能成功地治愈他。

他会不择手段地破坏、打击心理医生的努力，虽然事实上，如此做会明显地挫败他自己的目的。他不只会故意使心理医生误入歧途，或隐藏重要的信息，而且只要他有能力做到，他甚至会维持自己的症状，不使之进步或是戏剧性地使之加重。他决不会告诉心理医生自己有任何进步，或者即使他承认了，也是不情不愿的或是满腹牢骚的。或者他会把进步或领悟归因于外在因素，如气候的改变，他服用了阿司匹林，读了一些书等等。他不愿意遵照心理医生的任何指引，以尝试证明后者的根本错误。或者把心理医生的建议——他自己最初曾强烈地拒绝过的——当成自己的重大发现。这后一行为，常常可以在日常生活中观察得到。它构成了无意识的剽窃行为之动力，许多争论先来后到的战争都建立在这种心理基础之上。这种人无法忍受别人居然能够有新发现、新观念。他会坚决拒绝不是他所提供的建议。例如，他会不喜欢或拒绝一场电影或一本书，只因为与他竞争的人曾对它加以称赞。

当所有这些反应，在心理分析的过程中，因被揭露而使之更接近意识领域时，神经症患者也许会在一次良好的分析后，突然大发雷霆：要破坏办公室内的东西，或对心理医生恶言相向。或者在一些问题被澄清后，他会立刻指出其中尚有许多问题没有解决。即使他已经有了可观的进步，并且在理智上承认这一事实，他也在感情上拒绝任何感激。当然，这种不知感激的现象还包含了许多其他因素，例如对欠人恩情的恐惧。不过它的重要成分之一，乃是这会使神经症患者感到这件事必须归功于别人，而这对他而言乃是一种侮辱。

这种打败别人的冲动，会产生大量的焦虑。因为事实上，神经症患者会机械地认为别人在遭受打击后，会与他一样深受伤害并意图报复。因此他对他之欲伤害别人会感到不安，并且把他之打败别人的倾向尽量压抑在无意识中，相信并坚称他的举动是正义的。

假使神经症患者有强烈的毁谤倾向，他就会很难提出任何积极的主张，采取任何肯定的立场、做出任何建设性的决定。他对某些人或事物的积极意见，会因他人提出的轻微的异议而烟消云散，因为要激起他的毁谤冲动，是轻而易举的。

所有这些包含于对权力、声望及财富的病态追求中的破坏性冲突，都会进入到互相竞争之中来。在我们文化中所发生的一般竞争——甚至正常人的竞争——也都会显现出这些倾向，但是在神经症患者身上，这些冲动本身成为最重要的东西，而不管它们会带给他何种不利或痛苦。能够侮辱、剥削或欺骗他人本身对他而言，就是一种优越的胜利，而如果不能，就成为一种打击。病人由于无法占他人便宜所显示出的愤怒，大部分都是由于这种失败感所产生的。

假如一种个人主义式的竞争精神充满了整个社会，它就会使两性之间的关系受到妨害，除非男女所生存的生活领域完全严格地分开。然而，病态竞争却会比一般竞争行为产生更大的祸害，因为它具有破坏的特质。

在爱的关系中，神经症患者要打击、役使及侮辱伴侣之倾向会发挥重大的作用。性关系成为役使、侮辱对方或者使自己被奴役、侮辱的方法，这种性质与性爱的本性完全不同。这一情形常常发展为弗洛伊德曾描述过的男性爱情关系之分裂：一个男人只会对比他的标准更低的女人感到性吸引力，而对自己所爱或欣赏的女人根本没有任何欲望或性欲。对这种人而言，性交与侮辱倾向不可避免地混同在一起，因此他压抑了他对自己所爱或能爱的女人之性欲望。这种态度常常可以追溯至他的母亲，他感到被母亲侮辱，并且希望以侮辱她作为回应；但是由于恐惧，他把这种冲动隐藏于一种过度的讨好态度之后——这种情境常被指称为固着作用（Fixation）。在他往后的生命中，他把女人分成两类以求得解决方法；他对自己心爱的女人之残留的敌意表现为通过行动使她们灰心丧气。

这一类男人一旦与一位地位与他相等或优越的女人建立恋爱关系，他就会在心中偷偷地瞧不起这个女人，而不是为她感到骄傲。他可能会对这种反应感到非常迷惑，因为在他的意识思维里，女人并不会因与人发生了性关系而丧失其价值。他所不明白的是，他具有一种把任何与人发生性关系的女人贬到一文不值之地位的强烈冲动，因此在情绪上她使他不屑一顾。因此为她感到羞耻乃是很合逻辑的反应。同理，一个女人也会同样非理性地感到她的爱人可耻，不愿意被人看到他们在一起，或对他的良好品质视而不见，因此过分轻视他。心理分析揭示出女人也有同样的这种贬低伴侣的无意识倾向。[①]通常她对女性也会有这些倾向，不过由于个人的因素，不如她与男人的关系中表现得那么强烈。这一点所牵涉的个人因素有很多种：对受父母偏爱的兄弟之怨恨，对软弱的父亲之轻视，自认为不吸引人并预期会被男人拒绝。同时，她也会对女人抱有很大的恐惧心，因而不敢表达出自己对她们的侮蔑倾向。

与男人一样，女人也会完全明白自己希望奴役及侮辱异性的意图。一个女孩子可能会因为自己内心抱着驱使男人、奴役

① 多里安·费根鲍姆(Dorian Feigenbaum)在一篇论文中已经记录了这样的一个病例，该文将发表在《精神分析季刊》上，题目为《病态的羞耻》（“Morbid Shame”）。然而，他的解释与我的不同，在做总结时，他将羞耻归因为阳具妒忌。大多数心理分析文献都将之称为女人的阉割倾向，并归因于阳具妒忌，但我认为，这是侮辱男人欲望的结果。

男人的坦白动机而开始与男人谈恋爱。或者她可能会吸引男人的注意力，并且在他们有了热烈反应后，马上就抛弃他们。然而，这种侮辱欲望通常不属于意识领域。在这种情形下，它可能表现于许多间接方式之中。例如，它可能表现为对男人之追求的强迫性嘲笑中。或者它会以性冷淡的形式表现出来，她借此方法告诉男人，他无法使她满足，因而成功地侮辱了他，使他受到伤害，尤其是在这个男人刚好对被女人侮辱有病态的恐惧心之情况下。这一现象的反面往往可以在同一个人身上出现，这就是感到自己在性关系中被侮辱与被利用。在维多利亚时代，女人必须感到性关系是种侮辱，这是一种文化模式。这种感觉在这种性关系是合法的及固定不变时，才会稍为减轻。在过去30年来，这一文化影响开始变得微弱，但是仍然足够强大到产生下列事实，即女人比男人更常会感到性关系伤害了她们的尊严。这一感觉也会造成性冷淡或根本不与任何男人接触的行为，尽管她内心非常渴望与他们来往。女人也可能通过被虐待的幻想或变态心理，来从这种态度中获得继发性的满足，但是她也会由此对男人产生强烈的敌意，因为她预期会受人侮辱。

一位对自己的男性气概深感不安的男人，常常会怀疑，他之所以为某位女性接受只因为那个女人需要性满足，虽然事实上有很明显的证据证明她是真心地喜爱他。因此这种被利用的感觉会使他产生怨恨心理。或者男人可能会由于女人对他的爱没有反应，而感到受了不可忍受的侮辱，因而会对她能否得到满足过分焦虑。在他自己的眼中，这种强烈的不安，被认为是一种体贴。然而在其他方面，他也许会十分粗鲁而不懂得体贴关心，这显示出他对女人的满足之关心，只是他想避免自己被侮辱的保护方法而已。

掩饰打败或侮辱别人愿望之方法有两种：一种通过恭维称赞的态度来掩饰，另一种是通过怀疑论使这一冲动理智化。当然，怀疑主义也可能真的是不同认知的一种表达。只有在这种真正的怀疑可以明确地被排除时，我们才能够合理地去透视它背后所隐藏的动机。这种动机可能很接近于表层意识，因此单纯地询问这一怀疑的正确性，就能够使他产生焦虑。我的一位病人在每一次交谈中，都要粗鲁地侮辱我，但他自己并不知道他在这么做。后来有一次，我只是问他是否真正相信他对我在某些事情上的能力进行怀疑的正确性，他的反应是陷入强烈的焦虑不安状态中。

这种侮辱或打败别人的驱力被一种称誉欣赏的态度遮掩时，过程就显得更加复杂。那些在内心隐秘地希望伤害及侮辱女人的男人，可能会在他们的意识思维中，把女人捧得高高在上、不可侵犯。那些在无意识中永远尝试要打败并侮辱男人的女人，可能会对男人产生英雄崇拜。在神经症患者的英雄崇拜中，正如正常人的英雄崇拜一样，可能有一种真正的价值及伟大感存在，但是病态态度的特殊性质存于下述事实中，即它是两种倾向的妥协：一种对成功的盲目崇拜，不论它的真正价值是什么，因为他自己也希望在这方面有所成就；另一种则是用伪装来掩盖其对于成功者的破坏性愿望。

某些典型的婚姻冲突，也可以根据这一基础加以了解。在我们的文化中，这种冲突通常是女人比较多，因为对男人而言，有更多的外界激励和更多的可能性使他获致成功。假设有一位充满英雄崇拜心理的女人，遇见了一位目前很成功或将来很可能飞黄腾达的男人，为之动心并终于嫁给他。由于在我们的文化里，妻子要在某些程度上参与她丈夫的成功，因此只要这种成功继续维持下去就可能使她感到某些满足。不过另一方面，她却处于冲突矛盾的情境中：她因丈夫的成功而爱他，同时又因此成功而恨他。她想要摧毁这一成功，不过又把它压抑下去，因为她又想要以参与此成功来间接享受它的成果。这样的妻子可能借奢侈浪费来威胁丈夫的财产安全，通过无理取闹来破坏他的平静心情，借一种狡猾的毁谤态度来摧毁丈夫的自信心，或者她也许会通过无休止地逼迫他追求更多更大的成就，而不顾及他自己的真正利益，从而泄露她的破坏性欲望。这种怨恨心理，很可能在有任何失败征兆出现时变得更加明显。虽然在他如日中天时，她可能在每一方面都表现得是个可爱的妻子，但现在她却转而反对她丈夫，而不是帮助他、鼓励他；因为，只要她能够参与他的成功，那么报复心理就会被遮掩起来，但只要他显出失败的征兆，这报复心就开始公开发作。所有这些破坏性行为，都可能会潜藏于爱及崇拜的伪装之下。

另外为人所熟知的一个实例，也可以举出来说明爱是如何被用来补偿那由野心所产生的打败别人的驱力。有一个女人一向是充满自信，她能力很强且事事成功。然而在婚后，她不但放弃了自己的工作，而且发展出一种依赖他人的态度，并且似乎完全放弃了野心——这一切不妨可以描述为“变成真正的女性”。这种女性的丈夫通常会感到十分失望，因为他希望找到一位良好的伴侣，但是他找到的不是一位愿与他合作共创事业的妻子，而是一个把自己压得很低的女人。产生这种改变的女人，对自己的真正潜力有一种病态的疑虑。她内心模糊地感到如果她要实现她那充满野心的目标(即使这目标只是“安全”而已)，比较稳妥的手段是，嫁给一个事业成功的男人，或者一位成功可以预见的男人。如果只是如此，这一情境尚不会产生精神障碍，也可能会产生令人满意的结果。可是患有神经症的妻子，却在内心隐秘地抗拒放弃自己的野心，并对她的丈夫怀有敌意，依照神经症患者的“要么全有要么全无”的原则，而陷入一切空无的感觉中，并继而成为虽生犹死、可有可无的人。

正如我在前文所说过的，这种反应模式之所以常见于女人，而不出现于男人身上的理由，可以在我们的文化情境中找到，我们的文化把成功归于男人的领域。这种反应形式并不是天生的女性特质，我们可以由下述事实看出：假使情形反过来，即女人刚好是比较强壮、比较聪明和成功的，那么男人的反应也完全相同。由于我们的文化相信，男人在一切方面都要比女人更优越——除了爱，因此男人如果持有这种病态态度，就不必借称赞对方来加以伪饰。它通常会十分公开地出现，对女人的利益及工作会直接地加以妨害。

这种竞争精神不只会影响到男女之间的现存关系，甚至会影响到对伴侣的选择。在这一方面，我们从神经症患者身上所看到的，比我们常在一种具有竞争文化的社会中所看到的正常人的表现更为夸张。在正常人中，对伴侣的选择通常也受对声望或财富的追求——换言之，受性之外的动机——所决定，而在神经症患者身上，这种外在因素的决定性影响往往更强大。这一方面由于他对权力、声望和财富的追求——比一般人更充满强迫性、更僵化，而另一方面则由于他与别人的个人关系，包括与异性的关系，已太过恶化以致他不能进行充分而适当的选择。

破坏性的竞争可能在两方面产生同性恋的倾向：首先，它提供了一种冲动，促使男女完全不与异性交往，以避免与同性做性方面的竞争。其次，它所导致的焦虑需要安全感来缓解，正如前文所述，这种对安全感与爱的需求通常是人依缠同性的原因。这种破坏性对立、焦虑与同性恋驱力的关系可以在心理分析过程中观察到，假如病人与心理医生是同性的话。这样的病人可能在一段时期内夸耀自己的成功，并蔑笑心理医生。在开始时，他会采取伪装的面目，因而他根本一点也不知晓自己的态度；但接下去他会认出自己的态度，不过它仍然没有进入他的感觉范畴，所以他仍然不明白它背后的情绪是如何强大。然后，当他逐渐地开始感到他对心理医生之敌意的冲击，并感到越来越不舒服——焦虑、心跳加快、坐立不安——之时，他突然做了一个梦，梦见心理医生拥抱他，并发现自己有与心理医生密切接触的幻想及愿望，这揭示了他有了要消除自己的焦虑的需求。这一连串的反应，会在病人最后感到他能够面对自己的病态竞争心理以前，重复出现许多次。

简言之，崇拜或爱可以作为对挫败别人之驱力的一种补偿。其方法是：通过使破坏性冲动藏于无意识中不为自己所知；通过一股脑儿地清除竞争——以在自己与竞争者之间创造不可跨越的鸿沟的方式；通过间接享受成功的滋味或参与其中；通过取悦竞争者而消除他的报复之心。

虽然这些有关病态竞争对两性关系的影响之讨论尚不足以穷尽一切，但它们仍然能够指出它如何会对两性关系造成妨害。这一点之所以非常重要，因为在我们文化中的竞争气氛，侵蚀了两性关系和谐的可能性，而这又会产生焦虑，因此得到完满的两性关系之渴望也会变得异常突出。

第十二章　逃避竞争

由于神经症患者的竞争心理充满了破坏性的特征，因此它必然会产生大量的焦虑，并且自然而然地导向逃避竞争。现在的问题是，这种焦虑是如何产生的？

我们可以毫无困难地了解其中之一的来源，乃是恐惧对无止境的野心的追求所招致的报复。一个人如果欺压所有人，并且在别人想要成功或已成功时，侮辱他们及破坏他们，那么他一定会害怕别人也会如他一样想要打败自己。然而这种报复恐惧，虽然会在每个打败别人而获致成功的人身上存在，但是它并不是使神经症患者的焦虑日益加剧，以及由此而来的竞争抑制的全部理由。

经验显示，单纯的报复恐惧并不必然会引向抑制作用。相反地，它可能只是使人在想象或现实中对他人的嫉妒、恶意或对立心理进行冷酷的估计。或者只是尝试扩张自己的权力，以防止自己被人打败。某一类形式的成功者只有一个目标，即权力与财富的获得。但是如果把这种人的人格结构，与明显属于神经症的人格结构相比较，就会发现一个清楚的区别。那些无情的成功的坚定追求者，并不会介意没有别人的关爱。他既不需要也不期望别人给予他任何事物，既不希求帮助也不需要别人的慷慨大方。他明白自己可以通过自己的力量与努力得到他所需要的。当然，他会利用别人，只有在别人的意见是好的，或有益于他获得目标时，他才会关心别人的忠言。为爱而爱对他来说毫无意义，他的欲望及他的防御机制只朝着一个方向前进，那就是权力、声望、财富。甚至那些由于内心的冲突才促成他有这种行为表现的人，也不会发展成一般的神经症性格，假如他内心并不会干扰他的追求。恐惧只会促使他付出更多的努力，努力使自己更加成功及百战百胜。

然而，神经症患者会追求两种不能相容的目标：一种是对“唯我独尊”的支配权的积极追求；同时，又过分地希望自己为人人所爱。这种陷入野心与关爱之困境的情形，乃是神经症的核心冲突之一。为何神经症患者会对他自己的野心及要求产生害怕，为什么他甚至不愿意去认出它们，以及为什么他要阻止或一概逃避它们，其主要理由就是他害怕失去爱。换言之，为什么神经症患者会限制自己的竞争行为，其主要理由并不是他有特别强大的“超我需求”防止他露出太多的侵略冲动，而是他发现自己正陷入两种同等迫切的需求——他的野心及他的关爱需求——之矛盾中。

这一矛盾在实际上是不可解决的。我们不可能欺压别人，又同时为他们所爱戴。然而在神经症患者身上，这种压力过大，因此他要尝试加以解决。一般而言，他会以两种方式来设法解决：一种是使自己的支配欲及因支配欲得不到满足而产生的委屈变得合情合理，另一种是限制自己的野心。我们可以说得简略一些，因为他要使他的侵略需要合理化的努力，与我们在上文已讨论过的关爱需要及其合理化具有完全一样的特性。在此就如在彼一样，合理化作用被当作重要的战术，尝试使需求看起来无可指摘，以便它们不会妨害他被爱。如果他指责别人，以便在一次竞争中侮辱或打败他们，那么他就会深深相信，他是完全客观的；如果他想要剥削别人，他会相信并使别人相信，他正急切地需要他们的帮助。

也就是这种合理化的需要，只不是别的任何东西才会使一种潜在的、微妙的不诚实充满人格的核心，虽然这个人在基本上也可能是诚实的。它也解释了神经症患者常见的人格倾向之一——无根据地自认一贯正确的态度（Self-righteousness）。这种态度有时候很显著，有时候则隐藏于一种顺服的甚至自我责备的态度背后。这种一贯有理的态度常常被与一种“自恋”的态度相混淆。事实上，它与任何种类的自恋都没有丝毫关系。它甚至也不包含任何自我满足或自负的成分，因为与外表相反，他从来不真正地相信自己正确无误，而只是不断地在迫使自己表现出自认正确的态度。换言之，它是一种防御，是由为解决某些问题的压力所必然产生的，这一点在心理分析之最后，我们会发现它也是由焦虑所引起的。

对这种合理化需求之观察，很可能是作为因素之一，启发了弗洛伊德提出特别严厉的“超我”要求的概念。事实上，这种“超我需要”乃是神经症患者对他的破坏性本能之反应。这种合理化的需求，尚有另外一面使它启发我们提出这样的解释：它除了是应付别人之不可缺少的战略手段外，对许多神经症患者而言，也是一种满足自己需要的手段，即它使自己在自己眼中看来是不可挑剔的、无辜的。在我讨论神经症患者之罪恶感的作用时，将回头再讨论这个问题。

由包含于病态竞争态度中的焦虑所产生的直接结果，乃是对失败的恐惧及对成功的恐惧。对失败的恐惧有一部分表现为对受人侮辱的恐惧。任何失败都会变成灾祸。一位女孩子倘若未能如人期望地在学校中学得一些知识，她不只会感到不寻常的羞愧，而且会感到班上的其他女孩子会轻视她、对付她。由于她常常把一些偶发的事当作失败，因此这一反应遂越来越厉害；事实上，一些发生的事根本不含有失败的意味，或者根本不重要——例如不能拿到第一名，或者在考试时有个别题目不会，或者开了一次不是顶级成功的派对，或者在言谈中未能口若悬河。简言之，任何未达成其过度期望的事，任何使神经症患者感到强烈敌意的挫折，都会被认为是一种失败，因此也是一种侮辱。

神经症患者的恐惧，可能会因为担心别人知道他自己的强烈野心后，对他的失败感到幸灾乐祸而大大地加强。比失败本身更令他害怕的，乃是在他已经以某种方式显现出他正在与人竞争，显出了他的确是希望成功并且为此做出了努力以后，又招致的失败。他认为一次单纯的失败还可以被原谅，甚至还可能会引起别人的同情，而不是敌意；但是一旦他显示出对成功兴趣十足，那么他就为一大群要迫害他的敌人所包围，那些敌人在一旁虎视眈眈，要在他露出任何软弱或失败征兆时，毁灭他、粉碎他。

由此所产生的态度依恐惧的内容而不同。如果是偏重于对失败本身的恐惧，他就会再加强他的努力，或不顾一切地避免失败。在实地测验他的力量及能力之前，如考试或公开亮相以前，他可能会突然严重地焦虑。然而，如果主要是害怕别人会明了他野心的恐惧，那么结果刚好完全相反。他所感受到的焦虑会使他外表看来对任何事情都漠不关心，并且意志消沉，不做任何努力。这两种现象的反差是很明显的，因为它显示出这两种恐惧形式——它们毕竟是相关的——如何产生两种完全不同的特殊性质。遵从第一种模式的人，会埋头苦读准备考试，而第二种人，会什么也不读，不准备，并且也许会令人注目地沉溺于社交活动或某些嗜好中，因而向世界表示他对考试和工作毫无兴趣。

通常神经症患者对他的焦虑没有知觉，只意识到它的结果。他可能无法集中精力工作，或者他可能会对生病感到恐惧，例如害怕由于生理上的过分劳累所致的心脏毛病，或由于过分操心所致的精神崩溃。或者在一次活动后，会变得精疲力竭——当一种活动包含了焦虑时，他很可能会疲惫不堪——并且会利用这一病症，来证明这种努力是会对他的健康产生伤害，因而必须加以避免。

在他尝试逃避任何努力的过程中，神经症患者可能会让自己沉迷于各式各样的消遣活动里，从玩单人纸牌到开派对，或者他会采取一种外表看来懒散或怠惰的态度。女性神经症患者，可能会衣着不整，宁可给人不事打扮的印象，也不愿给人以故意打扮的印象，因为她认为故意打扮只会使她受人嘲笑。一个长得貌美如花的女孩子，却认为自己长相平常，不敢当众离开位子去补妆，因为她认为别人会这么想：“那个丑小鸭真是不自量力，可笑得很，居然想使自己看来更美一点！”

因此，神经症患者一般皆认为不去做自己真正要做的事比较安全。他的信条是：“安分守己，不要炫耀，谦虚一点，尤其重要的是，不要惹人注目。”正如凡勃伦(Veblen)所强调的，惹人注目——与众不同的悠闲，显眼的挥霍铺张——在竞争中扮演很重要的角色。因此自然而然地，对竞争的逃避必须特别强调其相反的行为，即避免惹人注目、标新立异。这表示接受和顺服于习俗的标准，不要成为光线的焦点中心，要与别人一致。

如果这种逃避倾向成为最主要的特征时，它的结果就是绝不冒险。不必说，这种态度使生命变得乏味无趣，并使潜能受到阻碍，不能发挥。因为，除非环境是十分有利的，对幸福的追求或任何种类的成就，皆蕴含了冒险及努力奋斗。

到目前为止，我们已讨论了对可能遭到的失败之恐惧。但是这只是病态竞争所伴随的焦虑的一种显现。焦虑也可能会表现为对成功的恐惧。在许多神经症患者心中，对别人的敌意所抱有的焦虑如此强烈，以致他们害怕成功，即使他们确信自己能够获得它。

这种对成功的恐惧乃是来源于对别人的嫉妒之恐惧与失去别人的爱之恐惧。有时候它是一种有意识的恐惧。我的病人中有一位颇具写作才华的作家，她完全放弃了写作，因为她的母亲开始写作并且似乎获得一些成就。经过一段漫长时期后，她又开始重新写作，不过却是犹豫迟疑及忧心忡忡的，她所害怕的不是写得不好，而是写得太好。这个女人有很长一段时间根本什么事也不能做，主要理由乃是因她的过度恐惧，害怕别人会嫉妒她的一切。因此她把所有的精力都放在如何讨别人的喜欢上。这种恐惧可能也会以模糊的忧心出现，担心自己如果有任何成就，就将会失去朋友。

然而，正如其他的恐惧一样，神经症患者常常不知晓自己的这种恐惧，而只是知道它的抑制结果。例如，当这种人在打网球时，每当接近胜利就会感到有些不可知的力量正在拉住他，使他不能赢球。或者他会忘记一次对他的未来有决定性意义的约会。他对某一次讨论或交谈有什么比较好的意见时，他会以十分低微的声音表达，或者以过于简短的方式说出，以致不能引起别人的注意。或者他曾让别人宣布他的成就。他会发现自己跟某些人在一起时，可以思路明快地交谈，而与其他人就显得语无伦次。与某些人在一起时，他可以十分熟练精巧地操作乐器，而与另外的人在一起时则动作笨拙有如初出茅庐。虽然他会对这种完全不相同的情况感到十分迷惑不解，但他却无法加以改变。只有在他对自己的逃避心理有领悟洞见时，他才会发现当他与一位在聪慧智力上不如他的人交谈时，他会强迫性地表现出比对方更迟钝笨拙。或者在与一位差劲的乐师一起弹琴时，他必须弹得更差，这主要是由于一种恐惧心所驱使，他害怕由于自己的优越，他会伤害并侮辱了别人。

最后，如果他的确有所成就，他不只无法享受它，甚至不会感到这是自己的经历。或者他会冲淡成功的喜悦或功劳，而把它归因于幸运的环境，或者归因于不重要的刺激或外界的帮助。另外，在成功之后，他很可能会感到沮丧消沉，有一部分是由于这种恐惧，但也是由于一种为人所不知的失望心情——即，他的成功永远无法与他内心隐秘的过度期望达到相等程度。

因此神经症患者的冲突情境，是一方面自己有一种热烈的、强迫性的凡事皆要第一的愿望，而同时另一方面，一旦他有很好的开头或取得任何进展时，他会用同等强烈的强迫心理来阻止自己。假如他在某些方面有所成就，那么他在下一次就必然会做得一塌糊涂。一次良好的成绩，紧接着下次一定是红字连篇。在治疗中有些进步后，马上又恶化。最先给人印象良好，接着又印象恶劣。这种连续性一再地重复，使他感觉到他正在毫无希望地与自己的怪癖做斗争。他就像珀涅罗珀(Penelope)一样——在白天仔细织好的锦缎，一到晚上她却又把它拆散。

因而抑制作用会在人生路上的每一步中都出现：神经症患者会十分彻底地压抑住自己的雄心大志，甚至一点工作也不情愿做。他可能会尝试一些事，但他却无法专心一致或集中精神贯彻始终。他可能会出色地完成工作，但却避而不愿承认这是一个成功。而最后，他可能达到杰出的成功，但是却无法欣赏它或甚至感受它。

这种逃避竞争的诸多方式中，也许最重要的方法，乃是神经症患者在自己的想象中，把自己与自己真正的或假想的竞争者拉开一段距离，而使任何竞争都变得荒谬不堪，因而使它在意识中消失。这一距离，可以通过下述办法建立：把别人捧得高高在上、不可企及，或者把自己压到比所有人都低下，使任何竞争念头或尝试都变成不可能或荒唐可笑。后者就是我下文所要讨论的“自贱作用”(Belittling)。

贬低自己对正常人来说可以是一种有意识的战略，但一般只作为权宜之计才采用。例如一位大画家的学生画了一幅出色的画，同时他又有理由害怕他的老师嫉妒他，那么他可能会故意贬低自己的作品，以便消除老师的嫉妒。然而，神经症患者对其贬低自己的倾向之原因只有一点模糊的概念。即使他完成了一件了不起的工作，他也会十分认真地相信别人会做得更好，或者他的成功只是出于偶然，而且他很可能再也做不好了。或者，在完满地完成一项工作后，他会吹毛求疵，鸡蛋里挑骨头，比如指出自己工作得太缓慢了，并且以此来贬损自己的全部成就。患有神经症的科学家可能会对自己领域中的一些问题感到一无所知，直到朋友提醒他，在这些方面他有过自己的专著。当有人问他一些愚蠢至极的问题让他无法回答时，他可能会觉得这完全是要归咎于自己的无知。当读到一本他有些不同意其见解的书时，他不但不独立地思考和批判这本书，反而认为自己太愚笨了，才读不懂这本书。他十分珍视自己的这一信念，即他成功地对自己保持了批判的及客观的态度。

这些人不只会把自己的自卑感当作事实之表现，还会坚持它的正确性。尽管他会对此自卑感有所抱怨并感到痛苦，但是他却拒绝接受任何证明自卑感不合理的证据。如果有人认为他是个能力十分出众的雇员，他会坚持自己被人高估了，或者他只是给了他们以令人吃惊的假象。我在前几章所提过的那个女孩子，在与她的哥哥之间有了一段深受伤害的经历后，她在学校中变得野心勃勃，然而，尽管她在班上永远保持第一名，并且人人都认为她智慧过人，但她在内心中却相信自己十分愚蠢。虽然有时候只要照一下镜子，或者发现男人在注意她，就可以证明自己的美丽，但有些漂亮的女人却会坚信自己没有任何吸引力。有的人会在年约三四十岁时，仍坚信自己太年轻，无法提出自己的主张或领导别人，但是在过了四十岁之后，他却又转而感到自己已经太老了，不能提出新见解或指导别人。有一位著名的学者，一直对别人给予他的敬重表示惊讶，但是他在自己的感觉中，却坚持这些都是无足轻重、不值一提的。别人的赞美，在他看来只是一种空虚而无意义的谄媚，或者是别有用心的恭维，甚至会引起他的愤怒。

这种现象，可以在许多地方看到，这显示出这种自卑感——它也许是我们时代最普遍的邪恶——具有某一种重要的功能，并且由于这种功能而为人所主张及辩护。自卑的价值包含于下述事实，即通过在心中贬抑自己，使自己置于别人之下，可以阻止自己的雄心大志，并进而消除因竞争心理引来的焦虑。①

① 在《虹》一书中（第254页），D. H. 劳伦斯（D. H. Lawrence）生动地描述了这种反应。“这种奇怪的残暴感和丑恶感总是催逼着她，想要攫取她，那些庸众怀着强烈的嫉妒心在等候着她，因为她是那个例外的人的感觉对她的生活造成最深刻的影响。不论她在哪里，在学校、在朋友之中、在街上、在火车上，她总是本能地贬低自己，使自己显得弱小，装得比她自己本来的情况要差得多，担心她那未被发现的自我被人看出，并遭到那些平凡的、平庸的自我的强烈仇恨和猛烈攻击。”

我们决不可以因此而忽视自卑感可能会有的负面作用，即在实际上削弱自己的地位，因为自我贬损往往会走向一种自信心的丧失。某种程度的自信心乃是任何成就的先决条件，不论这所谓的成就是能够合乎标准地调制色拉、推销货物、替自己的见解辩护，或者给他人留下好印象。

一个具有强烈自我贬损倾向的人，可能会在梦中梦见自己的竞争对手超越了他，或者在一次竞争中，他落在后面。由于他无疑在无意识中希望战胜竞争对手，因此这种梦境可能看起来与弗洛伊德的见解相反，因为他认为梦表现了一厢情愿的欲望满足。然而，我们不可以狭隘地理解弗洛伊德的观念。如果直接的愿望满足会带来太多的焦虑，那么消除这一焦虑会比愿望的满足更加重要。因此一个害怕自己的野心的人，做了一个自己被打败的梦，那么他的梦并不是失败愿望之表现，而是表示失败对他来说痛苦较小。我的一位病人计划在她接受治疗的过程中发表一次演说，同时她不顾一切地想要打败我。她做了一个梦，梦中我发表了一次成功的演说，而她坐在听众席中，谦虚地称赞我。同样的一位野心勃勃的老师，梦见他的学生成了老师，而他自己却无法回答这位老师所提出的问题。

自我贬损被用来当作消除野心方法之程度，我们还可以由下述事实看出，即那被贬低的能力，通常是个人最渴望获得或超越他人的能力。假如他的野心是在于智识上，那么头脑聪慧作为野心的工具就会被贬抑。如果他的野心是在于性方面，那么外表及魅力作为这方面的工具就会被贬损。这种关联是十分常见的，我们可以由自我贬损的心理之焦点，猜出此人最大的野心是在什么地方。

至目前为止，在我们的讨论中，自卑感与任何真正的低劣没有什么关系，只是由逃避竞争的倾向所产生的。然而它真的与存在的缺点及缺点之认识毫无关系吗？事实上自卑感乃是真实及想象的缺陷两者的结果：它乃是由焦虑发动的自我贬损倾向，与对实际存在的缺陷之认知的结合。正如我许多次所强调过的，我们终究无法欺骗自己，虽然我们可以成功地把一些冲动屏蔽于我们的意识认知之外。因此我们在此所讨论的那种神经症患者，在他内心深处，会知道他具有反社会的倾向必须加以掩蔽，知道他的态度欠缺真诚，明白自己的外表与外表之下的真实心理有相当的区别。他对这些表里不一的模糊知觉，乃是使他产生自卑感的重要原因，即使他从未清楚地认出这种表里不一的来源，乃是从被压抑了的驱力所产生的。虽然不知道它们的来源，他也会给予自己的自卑感以理由，而这些通常不是真正的理由，只是一种合理化解释。

他之所以会感到自己的自卑感意味着实际存在着的缺陷，

尚有另外的理由。由于他在野心的基础上建立起一种对自己的价值及重要性的幻想，所以他忍不住地把自己的真实成就，与自己所幻想的天才超人或完美的人相比较，因而在这比较中，他的真正行为或真正能力便显得低劣了。

这一切逃避倾向的全部结果，乃是使神经症患者变成真正的失败者，或者至少无法达到以他拥有的机会及才华所应能达到的那种成就。那些与他一起开始的人超越了他，获得了更好的职业、更大的成功。这种落后不只是关于外在的成功。他的年纪越大，他越会感到他的潜在能力及自己的成就之间存在着巨大的差距。他十分敏锐地感到自己的才华，不论是如何地优越，都正在被白白浪费掉，他感到自己的人格发展受到阻碍，他未能因时间的流逝，而有任何心智成熟的表现。①对于这种矛盾差距，他的反应是模糊而微弱的不满心理，这种不满并不是被虐狂性的，而是真实而适当的。

介于潜在能力及成就之间的差距，正如我早已指出的，也可能是由于外界的环境。不过在神经症患者身上的这种矛盾差距，作为神经症患者的不可或缺的特征，却是由于他自己的内

---

① 荣格已经清楚地阐述了 40 岁左右的那些人的问题，他们的人格发展受到了阻碍。但是他没有认识到导致这些情境的条件，所以没有找到任何满意的解决方法。

心冲突。他的实际失败与由此导致的潜力与成就之间的矛盾之增加，不可避免地使他已有的自卑感雪上加霜。于是不只是他相信自己低能，而且实际上他也比他所能达到的水准更加低能。这种扭曲的影响会更加巨大，因为它使自卑感有了现实的基础。

同时，我所提过的另一种矛盾差距——介于好高骛远之野心与相对地贫乏的现实之间的差距——变得十分令人难以忍受，因而需要加以弥补。这种弥补要通过幻想来完成。一步一步地，神经症患者逐渐以夸大妄想的观念来取代可获得的目标。这些幻想对于他的价值是显而易见的：它们遮蔽了那种令他无法忍受的空无感，它们容许他感到自己重要，而不必与人竞争，也不必遭遇失败或成功的危险。它们容许他建立一种自大的妄想，使这妄想超过了任何可以实现的目标。这种自大幻想的毫无出路的价值，使它们充满危险，因为与笔直的大道相比，这种毫无出路的死胡同对神经症而言，有更明确的好处。

这些神经症患者的自大观念，必须要与正常人的自大观念与精神分裂症者的自大狂区分开来。即使是正常人，有时候也会认为自己奇妙异常，认为自己的所作所为非常重要，或者沉湎于要如何创大业、做大事的幻想之中。不过这些幻想及念头只是偶尔出现的，而且他不会过分认真地信以为真。而具有夸大妄想狂的精神分裂病患者，则是另一个极端，他相信自己是个天才，是日本天皇、是拿破仑、是基督耶稣，并且会无视一切的现实证据，拒绝任何会破坏他的信念之意见。他会完全无法认同旁观者的提醒，不承认自己事实上只是个可怜的看门人或疗养院内的病人，抑或是受人轻视嘲笑的对象。如果他知道有人如此描述他，他则只会听信自己的夸大妄想，并且会认为别人根本毫无知识，或者他们之所以任意地对他不敬，是为了要伤害他。

神经症患者乃是介于这两者之间的人。如果他意识到自己对自己做出夸大的自我评价，那么他对它的意识反应，就有点像正常人的反应。例如在梦境中，他以贵族的身份出现，那么他可能会发现这些梦十分可笑。对于他的自大幻想，尽管他在意识上也认为它们是不真实的，但在情绪上对他却具有现实价值，此一价值与对精神分裂症患者的价值完全一样。在后面这两种情形中，理由是同一的，即它们具有重要的功能。虽然这个功能的基础不稳而且十分脆弱，但它们却是神经症患者自尊心所依赖的支柱，因此，他必须紧紧抓住它们。

这一功能所蕴含的危机，一旦在患者的自尊心遭受打击时就会显现出来。由于一刹那这支柱摇坠了，他也会从半空跌下去，并且无法再恢复。举例言之，有一位少女，她有很好的理由相信她正被人所爱，但是有一天她发现那个男人在是否要娶她这一问题上犹豫不决，在一次谈话中，他告诉她，他觉得自己太年轻，太欠缺经验，不适合结婚；因此他认为在他被婚姻所束缚前先结识一些别的女孩子是相对明智的。这使她深受打击且再也无法从此打击中恢复过来，她变得沮丧不堪，开始对工作抱有不安全感，产生对失败的强烈恐惧，并且内心十分希望从一切事物中退缩出来，远离人群及工作。这种恐惧非常强烈，甚至一些鼓舞人心的事件，如该男子后来决定娶她，或者有人给她一份更好的工作，并对她的能力大加称赞，也无法使她再度恢复信心。

与精神分裂症患者相反，神经症患者不可避免地会痛苦地把现实生活中所发生的成千上万的小事情，只要不合于他意识上的幻想，都当作一件天大的事。自然而然地，他的自我评价，一会儿是伟大无比，一会儿却是毫无价值；他随时可从一个极端，摇摆到另一个极端。同时，就在他最确信自己的特殊优越价值时，他可能又会惊讶于别人居然也会如此认真地看待他；或在他感到自己可怜凄惨及低贱无比的时候，他同时也会对居然有人认为他需要别人帮助而感到愤怒。他的敏感，可以与下述之人互相比较，即一位感到全身疼痛，外界稍有轻触即使他无比畏缩的人。因而他很容易感受到伤害、轻蔑、冷落、渺小，并且他的反应是报复性的怨怒。

我们在此又看到了“恶性循环”的作用。虽然自大幻想有一种明确的重获安全感的价值，并能提供一些想象中的支持，但是它们不只会强化逃避的倾向，而且经由敏感的媒介，会产生更大的愤怒，因而也产生更大的焦虑。当然，这是在严重的神经症中才会如此。但在更小的程度上，它可以在较不严重的病例中看到，它甚至不会让病人自己知觉到。然而另一方面，一种类似良性的循环也会产生，只要神经症患者能够从事一些建设性的工作。通过这一方法，他的自信心又得以形成，因而不必再依靠自大幻想。

由于神经症患者缺少成功——他常常在许多方面落后人们甚多，不论是事业或婚姻，安全感或是幸福感——因而他变得嫉妒别人，并增强了由其他来源所产生的嫉妒心理。有许多因素会使他压抑自己的嫉妒态度，如性格中高贵感遗传，深信自己没有权利去为自己要求任何事，或只是未能明了自己已存在的不快乐。但是他越压抑，嫉妒就会越容易投射至别人身上，因而有时候会产生一种几乎是偏执妄想式的恐惧，害怕别人嫉妒他的一切。这种焦虑也许会如此强烈，以致他总是感到不舒适——即使他遇到快乐的事，新的工作、恭维的话、幸运的收获或桃花运等。因而这种焦虑又大大地增强了他逃避拥有任何事物或取得任何成功的倾向。

我们且暂时不管细节。这种由病态的追求权力、声望及财富占有的现象所发展出来的“恶性循环”，可以粗略地概括如下：焦虑、敌意、自尊心的丧失→追求权力与其他类似事物→增强的敌意及焦虑→逃避竞争（伴随着自我贬损的倾向）→失败，及在潜力与成就之间产生差距→增强的优越感（伴有嫉妒心）→增强的自大幻想（加上对嫉妒的恐惧）→增强的敏感（又引起逃避倾向）→增强的敌意及焦虑，如此反复循环。

然而，为了完全了解嫉妒在神经症中所扮演的角色，我们必须从广泛的角度来予以讨论。不论神经症患者有没有在意识上感知自己的病态，他都的确是个非常不快乐的人，而且他看不出有逃脱这一不幸的任何机会。外界的旁观者所描述为恶性循环的过程，乃是由他想要得到安全的尝试而发展出来的，神经症患者自己感到陷入绝望无助的天罗地网之中。正如我的一位病人所描述的，他感到陷身于有许多门的地下室中，不管他打开哪一扇门，都只通向新的黑暗。而在这段期间，他一直知道别人正在外面的阳光下散步。我认为不明白神经症患者所体会到的这种令人瘫软的绝望感，我们就不能对任何严重的神经症有深刻的了解。有些神经症患者，把他们的恶化情形以很明白的术语表达出来，但是有的病人却用放弃努力或乐观主义的态度深深地掩盖这一切。因此要在这一切古怪的虚荣、自负、需求、怨恨心背后，看出一个正在受苦的人，一个感到自己永远被摒弃于幸福人生之外的人，一个知道即使自己能得到自己所要的，也无法享受它的人，可能是相当困难的。当我们认识了所有这一切绝望无助之存在后，我们也就不难理解那些看似过分具攻击性或甚至卑鄙万分的态度，看似无法以特殊情境来说明的行为了。一个完全被摒弃于幸福的可能性之外的人，如果他居然对他所无法归属的世界，不感到任何憎恨，那么我们可以称他为名副其实的天使了。

现在且回到嫉妒的问题上，这种逐渐发展形成的绝望，乃是不断产生嫉妒心理的温床。它并不是对某些特定事物的嫉妒，而是尼采所描述的“生之嫉妒”(Lebensneid)，即对任何感到更安全、更平静、更快乐幸福、更正直坦诚、更有自信之人的普遍性嫉妒。

如果这种绝望无助的感觉，在一个人的身上发展形成，不论它是接近于他的意识知觉，还是远非他的知觉所能企及，他都会设法解释它。他并不把它当作一种势不可挡的过程的结果——如心理分析家所见的那样。相反地，他认为它不是由别人引起的，就是由自己引起的。他常常会责备自己与别人，虽然他通常只对两者之中的一个感到特别不满。如果他责备别人，就会产生一种控诉、责难的态度，它可能指向一般的命运，或指向环境，指向特殊的个人：父母、老师、丈夫、医生。神经症患者对别人的要求，可以从这一角度来加以了解——正如我们前文所不断指出的。神经症患者的思路完全如下："由于你对我的痛苦负有责任，因此你有义务帮助我，而且我有权利期望你帮助我。"而如果他认为邪恶的来源在于自身，他就会感到自己罪有应得。

当我们谈到神经症患者会把责难的矛头指向别人时，可能会使人们产生误解。有人会认为我主张他的任何控诉都是不合理的。事实上，他有充分的理由感到愤恨不平，因为他的确曾遭受到不公平的待遇，尤其是在童年时期。然而在他的控诉、非难的态度中，仍然包含了病态的成分，即他往往不能够朝向积极的目标，不能进行建设性的努力，而且他通常是盲目而不辨是非的。例如，他可能会对那些要帮助他的人，感到嫉妒怨恨。而同时，他又完全不能够对那些真正在伤害他的人，感知到愤怒并表达正当的谴责。

第十三章　病态的罪恶感

在神经症所表现出的行为态度中，罪恶感似乎占有极特殊的地位。在某些神经症中，这些感觉十分公开而丰富地表现出来。而在另一些神经症中，它的面目则更加伪饰，但是我们仍可以通过观察当事人的行为、态度及思维与反应方式发现它的存在。我将首先以概述方式，来指出罪恶感存在的许多表象。

正如我在上一章所提示的，神经症患者检讨自己的痛苦原因时，常常会感到自己是罪有应得。这种感觉可能会十分模糊及不可明辨，或者它可能会附着于被社会所禁忌的思想或行为上，例如手淫、乱伦欲望、希望亲属死亡的愿望。这种人往往自己稍有一些这种念头，就会感到罪孽深重。如果有人要来看他，他的第一个反应是别人是因他的所作所为来找他算账的。如果有朋友未能来看他，或有一阵子没写信来，他就会自问是否有对不起朋友的地方。如果有什么事出了差错，他就认为是自己的错。即使别人很明显地做了错事，很明显地对不起他，他仍然会为此责怪自己。假如有任何利益冲突或争执存在，他都会盲目地认为别人是对的。

在这些潜在的、随时会浮现的罪恶感，与一般人所说的无意识罪恶感，即在抑郁情境中出现的罪恶感之间，只有一点点的差别。后者以一种自我责难的形式表现出来，这种形式往往是幻想的或至少是极端夸大的。同样，神经症患者孜孜不倦地努力使他的态度在自己眼中与别人眼中看来都成为合情合理的，尤其是当这种努力的巨大战略价值并没有得到清楚的认识时，这揭示了这种自由流动的罪恶感之存在，只是此种罪恶感维持在不活跃的状态。

这种弥散性罪恶感的存在，可以显现于神经症患者对被人揭穿或被人责备的强烈恐惧中。在他与心理医生的讨论中，他的行为就好像彼此的关系是犯罪者与法官的关系一样，因此使他难以在心理分析过程中合作。每一次心理分析师提出解析，他都认为是在责备他。例如，如果心理分析师向他指出，在某些防御的态度背后潜有很大的焦虑，他会回答：“是的，我知道我是个懦夫。”如果心理分析师说明他不敢接近别人，是因为害怕被别人拒绝，他会以这一点责怪自己，并据他的解析，说这完全是要使自己的生活轻松愉快之故。这种逃避任何责难的需求会发展成对完美的强迫性追求。

最后，神经症患者如果遇到不快的事情，例如丧失财富或遭遇意外，他往往会有明显的轻松感，甚至他的一些神经症症状会因此消失。这一反应，以及他有时候似乎在安排不快的事发生的事实，如果我们不仔细考虑，可能会推论出神经症患者有很强烈的罪恶感，使他形成了被处罚的需求，以便消除这些罪恶感。

于是我们似乎握有很充分的证据，证明神经症患者内心不只有特别敏锐的罪恶感存在，而且它们对他的人格有巨大的影响。但是尽管有这些明显的证据，我们仍然必须提出疑问，神经症患者意识中的罪恶感，是否是真诚的？而那种看起来指向无意识罪恶感之症状的态度，是否可以用另外的分析来说明？有很多因素使我们产生这种怀疑。

罪恶感，就像自卑感一样，也不是完全不受人欢迎的东西。神经症患者根本不急切地要消除它们。事实上，他坚持自己罪孽深重，并且粗暴地拒绝任何要解放他的尝试。光是这种态度，就足以指出在他对罪恶感的坚持背后，正如自卑感一样，一定有一种重大的功能性倾向存在。

而且我们仍需记住另外一个因素。要真诚地感到悔恨或对某些事感到羞耻是很痛苦的，而要把这种感觉向别人表达出来更是痛苦万分。事实上，神经症患者比起别人理应更会避免这样做，因为他害怕引起别人的反感。然而，我们所谓的罪恶感，他却十分欣然爽快地表达出来。更有甚者，神经症患者的自我控诉心理（常常被我们解释为神经症患者有潜在的罪恶感），其特性是它明显地具有非理性的成分。不只在他特殊的自我非难态度中，也在他自认不配得到别人的仁慈、称赞或任何成功的模糊感觉中，他都会走向非理性的极端，从强烈的夸张到纯粹的幻想。

另一种因素告诉我们，自我控诉的态度并不必然是真诚的罪恶感的表现，事实上，神经症患者自己在无意识中，根本不相信自己一文不值。甚至在他似乎屈服于罪恶感之下时，一旦别人对他的责难态度信以为真时，他也会变得愤怒异常。

对后一情形的观察，又引出最后的因素，在弗洛伊德讨论忧郁症患者的自我责难态度时，就已经指出：神经症患者一方面表现出罪恶感，另一方面却缺乏由此而来的谦虚。[①]在神经症患者宣称自己一文不值的同时，他却又会强烈要求别人的关心

---

① 弗洛伊德：《悲痛与忧郁症》，载于《论文集》第4卷，第152～170页。又见卡尔·亚伯拉罕：《力比多发展史初探》（*Versuch einer Entwicklungsgeschichle der Libido*）。

及称誉，并且也显现出清楚的心不甘情不愿的态度，拒绝接受任何些微的批评。这种矛盾现象可能会非常显而易见，如一位妇女的情形那样，她对报纸上所登载的每一犯罪事件，都有模糊的罪恶感，甚至如果家中有人死亡，她都会把责任怪罪到自己头上；但是她姐姐有一次温和地责备她要求太多的关心照顾时，她却大发雷霆，甚至晕倒于地。然而这种矛盾，更多会在内心潜伏，而不是表现在表面上。神经症患者可能会把他的自我责难的态度，误当作是合理的自我批评。他对别人批评的过于敏感，也会为一种错误的信念所掩蔽，即他相信自己能够坦然接受批评，只要这批评是态度友善的，或富有建设性。然而这一信念只是一种帷幕，它与事实相反。即使是明显的友善忠告，他都会以愤怒来回应，因为任何形式的忠告，都蕴含了对他的并非十全十美之批评。

因而如果我们仔细地检查并测验神经症患者的罪恶感之真实性质，我们就会明确地发现在表面上看来是罪恶感的态度，事实上是一种焦虑的表现，或者是反抗焦虑的防御心理。这一点也部分适用于正常人。在我们的文化中，畏惧上帝比畏惧人类更显得高贵，或者用非宗教性的语汇来说，由于良心作用而逃避某些事情，比起由于害怕受人的责备或处罚而逃避某些事情，要高贵得多。许多假装自己之所以对妻子忠诚，乃因自己良心不安的男人，在事实上只是由于害怕自己的太太而已。由于神经症抱有巨大的焦虑，因而神经症患者比正常人会更想要设法以罪恶感来掩饰自己的焦虑。他和正常人不同的是，他不只会害怕那些可能发生的结果，而且会预期一些完全与现实不符的恐怖结果。这种预期的性质，随当时的情境不同而不同。他可能会有过分夸大的恐怖预想，例如遭受严厉的处罚、报复及放逐；或者他的恐惧心只是模糊不清的。不过不论他的恐惧性质是什么，它们都集中于同一点上。我们也许可以粗略地把这一点描述为对被人否定的恐惧，或者如果对被人否定的恐惧心强烈到成为信念，那么我们不妨称之为对被人揭发的恐惧。

这种对被人否定的恐惧在神经症患者中十分常见。几乎每一个神经症患者，即使他在外表上看起来好像对自己充满了自信，并且对别人的意见完全漠不关心，事实上也极端害怕别人对他的否定、批评、控诉、揭发，甚至对这些可能性也会变得过度敏感。正如我早已提到过的，这种对被人否定的恐惧，通常被人理解为潜在的罪恶感。换言之，它被人认为是这种罪恶感的结果。但我们对此加以批判性地观察，就会对这种见解产生怀疑。在心理分析中，病人常常会觉得谈论某些东西是非常困难而痛苦的——例如，那些有关死亡愿望、手淫、乱伦愿望之类的经历或思绪——因为他为这些感到十分罪孽深重，或者更恰当地说，因为他相信自己感到了罪孽深重。当他获得足够的自信心来谈论它们，并且明白它们并不会使人不赞同时，这种“罪恶感”就消失了。他之所以感到罪孽深重，乃是他焦虑不安的结果，所以他比别人更加依赖公众意见，更注意别人的意见，并幼稚地把它们误当作对自己的判决。而且，他对被人否定的一般敏感基本上仍然保持原样，即便当他与心理分析师谈论了自己的经验与由此产生的罪恶感，及他的特殊罪恶感已经消失了以后，仍然毫无改变。这一观察，使我们获得结论：罪恶感并不是对被人否定的恐惧的原因，而是其结果。

由于对被人否定的恐惧心理，在罪恶感的发展上及理解上都占有很重要的地位，我必须在此先对它的一些内涵加以讨论。

这种对不被赞同的不成比例的恐惧心，可能盲目地扩展到所有人类身上，或者它只推广至朋友——虽然神经症患者无法明确地分辨友人与敌人的不同。在最初，它只牵涉到外在世界，并且不论程度大小，都永远与别人的反对有关，但是它也可能内化。这种内化越强烈，外界的否定就变得越不重要，而自己对自己的否定却会变得更加重要与强烈。

这种对被人否定的恐惧可能会以许多形式出现。有时候，它以对得罪别人感到不断的恐惧显示出来。举例言之，神经症患者可能会害怕拒绝一项邀请、对一项意见表示不同意、表达任何愿望，害怕不能随俗、服从既定的标准、过分标新立异、与众不同。这一恐惧会经常性地以害怕别人了解他的形式出现。甚至在当他感到自己尚受人欢迎时，他仍然会为此倾向而逃避，以免以后别人揭发他的真相而厌弃他。他可能也会不愿意让别人知道任何他自己的私事，或者如果有人问起有关他的无害问题，他都会愤怒异常，且超过应有的程度，因为他感到这些问题乃是要打探他的私事。

这种对招致别人不赞成的恐惧，乃是使心理分析师在心理分析过程中感到困难，以及使病人感到痛苦的最主要因素之一。虽然每个人的心理分析过程都彼此不同，但是都具有一个共同点，即病人虽然一方面渴望心理分析师的帮助，希望达到对自己的理解；同时另一方面却又要抵抗心理分析，把它当作是危险的入侵者。也就是这种恐惧，使病人感觉到自己好像是个正站在法官面前的罪犯一般，并且，如罪犯一般，他在内心隐秘地决定，否定自己的一切罪行，并使法官做出错误判断。

这一态度可能会出现在梦境中，梦见自己被迫忏悔，而自己的反应则是痛苦异常。我的一位病人，当我们分析至已快揭开他的一些被压抑的欲望时，做了一个白日梦，这个梦在这方面有很大的重要性。他幻想自己看见一个男孩子，那孩子喜欢去一个梦幻岛上，不时在那里寻求庇护。因此这个孩子成为岛上群体的一员，这个群体的法律禁止任何人向外界泄露这个岛的存在，并且对任何可能的入侵者皆处以死刑。有一个这男孩所敬爱的人——他乃是代表心理分析师经过伪装的形式——有一次偶然发现这座岛和通往这个梦幻岛的路。根据法律，他应该被处以死刑。然而，这个男孩可以救他，只要他亲口宣称他以后绝不再回到这座岛。这个梦乃是对病人内心矛盾的艺术性表达。这种冲突矛盾在心理分析过程中，从开始到终结，以各种形式存在着，一种既喜欢，又憎恨心理分析师的心理冲突，因为心理分析师想要侵入隐藏的思想及感觉里，是一种病人要抗争以保护自己秘密的冲动与放弃这些秘密之间的冲突。

如果这种对被人否定的恐惧不是由罪恶感所激发，那么有人会问道：为何神经症患者会如此关心招致别人的不满与揭露呢?

这种被人否定的恐惧心的主要原因，乃是由于神经症患者所显示给世界和自己的假面具(facade)[①]与面具之后所潜藏的被压抑的欲望之间，存在巨大矛盾差距。虽然由于他丧失了真正的自我，且由于他必须维持一切假面目，他饱受折磨——他自

① 相当于荣格所说的“人格面具”(persona)。

己并不知道——他仍然必须以他的全部精力来保护这些虚伪面具，因为它们代表了那保护他避免焦虑侵袭的堡垒。如果我们明白正是这些他必须加以隐藏的东西，形成了他那种对被人否定的恐惧之基础，我们就能更加了解为何某些“罪恶感”的消除，也无法使他解除自己的恐惧。事实上尚有更多地方需要改变，而不只是罪恶感。粗略地说，要改变的是他人格上的全部不诚实，或者说，是他人格中的病态部分，促使他对被人否定感到恐惧，也就是这种不真诚是他所怕人察觉的。

至于他这些秘密的特殊内容，他首先要掩饰的，乃是那一般人所谓的侵略，即攻击本能。这名词不只是包含他的敌视反应——愤怒、报复、嫉妒、侮辱别人的欲望等等，而且包括他对别人的一切隐秘要求。由于我在本书中已详细地讨论这些内容了，我不妨在此简短地说，他不愿意独立自主，他不愿意靠自己努力实现自己的愿望；相反地，他内心坚持依赖别人的生活，不论是通过统治支配及剥削别人的方式，还是通过温情、“爱”或顺从的方式。一旦他的敌视反应或他的隐秘要求为人所触及，他就会产生焦虑不安，并非由于他感到罪恶，而是因为他发现自己获得自己所需要的支持之机会已受到了威胁。

其次，他希望隐藏的是他自己所感到的软弱、不安全及无依无靠，他的无法坚持自己，他的强烈焦虑。基于这一理由，他建立了一种强大的假面具。但是他对安全的特殊追求越是集中于统治他人之上，他的骄傲就越会与力量有关，他就越会彻底地鄙视自己。他不只会感到在软弱之中存在着危险，而且会认为它很可耻，不论软弱来源于自己还是他人。同时他把任何不完美皆当作软弱，不论是不能治理自己的家庭，不能克服自己内心的障碍，不得不接受别人的帮助，或甚至不能摆脱焦虑。因而，他在本质上蔑视自己的任何“软弱”，而且他相信别人如果发现他的软弱，别人也会与他一样轻视他，因此他不顾一切地努力掩饰这种软弱，同时他又害怕这些迟早会为人所发现，因而焦虑不安继续产生。

因此罪恶感以及随之而来的自我谴责，不仅是害怕被人否定的恐惧心之结果(而非原因)，而且它们也是对抗这种恐惧的防御措施。它们完成了恢复安全感及掩盖真正问题的双重目的。关于后一目的，他们要么通过引开别人的注意力来完成，要么通过极端地夸大罪恶而使它们看起来显得不真实来完成。

我将举出两个实例，也许有助于说明许多同样的现象。有一天，一个病人严厉地谴责自己不知感激，造成心理分析师的负担，没有充分意识到心理分析师只收了他很少的酬劳。然而在交谈快结束时，他却发现自己忘记把他本来想要在那天付的钱带来。这一点乃证明他希望不劳而获，想平白得到一切。他这种大量泛化的自我非难态度，在这里与别处一样，具有模糊和掩盖真实现象的作用。

一位成熟而聪明的女人，由于曾经如小孩般大发脾气，因而感到罪孽深重。虽然她在理智上知道这乃是由于她的父母之不可理喻的行为所激起的，同时虽然她已经不会再相信天下无不是的父母、人不可责备父母；然而，她在这方面的罪恶感却非常强烈，因而她倾向于把她与男人的性关系之失败，当作她敌视父母的心理惩罚。不讨论何以自己目前不能与男人有美满的性关系，而责备自己对父母幼稚的愤怒，她把真正的因素掩饰起来，这些因素可能是她自己对男人的敌视，或者由于害怕遭到拒绝，而缩入壳中以自我保护的行为。

这种自我控诉的态度不只可以保护自己，对抗被人否定的恐惧，而且也可以通过说反话得到正面的安全感，即使没有外界的人牵涉进来，自我控诉也可以通过提高神经症病人的自尊，来获得心灵的安宁。因为这一行为表示，他有很敏锐的道德判断，所以才能够责备自己的错误，这些错误通常为别人所忽略，因而最后这使他感到自己实在是个了不起的人。此外自我控诉使他获得心理上的解放，因为它很少牵涉到他对自己不满的真相，因而打开了一扇秘密的门户，使他相信他到底还不怎么坏。

在我们更进一步讨论自我控诉倾向的更多作用以前，我们必须先考虑逃避被别人否定的其他方法。有一种防御措施与自我控诉完全相反，然而同时又可以实现同样的目的，这就是使自己永远正确或十全十美，因而使任何批评皆找不到一个漏洞，以此抢先阻止批评。这种防御心理渗透到一切行为，即使他某一行为是明显地错误的，他都会如律师一般通过精巧的诡辩方式使它合情合理。这种态度可能会变得太过激，而使他必须在最无足轻重及琐碎的小事上都要求十全十美——例如，永远能正确地预知气候——因为对这样的人而言，在任何细节上的错误，都会打开漏洞，产生全盘皆错的危险。通常这一类型的人都不能忍受一些最微小的不同意见，或甚至感情方面的不同，因为在他的思维里，甚至一点不同的意见都是对自己的批评。这种倾向在很大程度上形成我们所谓的虚假适应（Pseudo-adaptation）态度。这种态度见之于那些尽管有很严重的神经症，却仍然设法使自己在自己的眼中，有时候也在周遭的人眼中，保持“正常”及适应良好。在这种神经症患者中，我们可以毫无错误地预言我们将会发现他内心存有对被人否定与被人察觉真相的强烈恐惧。

神经症患者保护自己以免被人否定的第三种方法，是通过无知、疾病或无助寻求庇护。我在德国所治疗的一名法国少女身上，就看到这样明显的例子。她就是我上文早已提到过的，因为被怀疑心智不足而被送到我这里来的女孩中的一个。在最初几星期的心理分析中，我也怀疑她的心智能力低下。她似乎不了解我所说的任何事，尽管她对德语十分熟悉。我尝试以简单易解的话来重复同一事情，但仍然徒劳无功。最后有两个因素打破了这一局面。她做了几个梦，梦见我的诊疗室变成一座监牢，或者是内科医生的诊疗室，那位医生正在检查她的身体。这两个意象都出卖了她对被察觉的焦虑，后者乃是表示她害怕接受任何医学检查。另一个揭示此种情形的因素，乃是她生活中的一次偶发事件。她忘记了在某个特定时刻出示她的护照，而法律规定必须如此。最后，她去见政府官员时，假装自己不懂德文，希望借此方法逃避处罚——她大笑着告诉我这件事。但我随后发现她也对我采取同一态度，并且是出于同样的动机。从这一时刻开始，她就证明了自己其实是个聪慧过人的女孩子。她让自己躲藏在无知及愚蠢的挡箭牌之后，以逃避被人控诉及处罚的危险。

在原则上，那些感到自己是个不负责任、贪玩成性的孩童的人会倾向于使用这一战略，以避免让人对他太认真。一些神经症患者一生都在采取这种态度。或者，即使他们的举止并不像孩童，他们也会拒绝在自己的感觉中正经地看自己。这一态度的作用可以在心理分析过程中观察到。病人在接近快要认知自己的攻击倾向时，可能会突然感到无依无靠，突然行动变得像小孩，什么都不希望，只希望被保护及被关爱。或者他们会做梦，在梦中发现自己渺小而软弱无力，躺在母亲的子宫内或依偎在她怀里。

假如软弱无力没有效果或者对现存情境不适用，疾病也可以达成同一目的。人人皆知疾病可以当作逃避困难的方法；然而，同时，它也能使神经症患者把它当作一块帷幕，使自己避免认知到，恐惧心正在驱使他逃避自己应面对的情境。例如，一个与他的上司有些摩擦的神经症患者，常会用突然患严重的消化不良来逃避。事实上，在这种时候，使自己变得无能为力，乃是要创造一种无法行动的可能，换言之，乃是一种托词，因而使他避免了对自己懦弱之认识。①

防止任何种类的否定的最后也是最重要的防御措施，乃是

① 如果把这种愿望，如弗兰茨·亚历山大在《整个人格的心理分析》(*Psychoanalysis of the Total Personality*)中所说的那样，解释为是攻击上司的本能需求之惩罚，病人将会很高兴接受这种解释，因为通过这种方式，心理医生帮助他有效地避免面对这样的事实：他有必要坚持自己，他恐惧坚持自己，他为这种恐惧而生自己的气。如此一来，医生允许病人将自己想象成一个高尚的人并受到反抗尊长的那些不良欲望的强烈困扰，这样通过承认他们具有高尚的道德标准而加强了他们已有的受虐狂的驱力。

一种受害者的感觉。经由感到被亏待，神经症患者排除了别人对他那种占人便宜的倾向之责备；经由感到悲惨地被人冷落，他消除了别人对他的贪婪倾向之责备；经由感觉到别人对自己没有帮助，他避免了被别人认出他要打败他们的企图。这种受害者的战术为他所惯用，并且一再坚持，因为它在事实上是最有效的防御方法。它使神经症患者不只能够排除非难，而且同时能够以此责备别人。

现在再回头讨论自我控诉的态度，它们的另一作用，是除了可以避免对被人否定的恐惧并产生积极的安全感外，还可以使神经症患者避免发现改变的必要性，并且在事实上也用自我控诉取代了改变。对已经形成的人格做任何改变，对任何人而言都是非常艰难的。对神经症患者而言，这种工作更是难上加难，不只是因为他有更大的困难去认识改变自己的必要，而且也因为焦虑使他的许多态度成为不可或缺的部分。自然而然地，他在看到自己必须改变时就会恐惧万分，并且会使自己避免认出这一改变的必要。逃避这一认知的方法之一就是在内心里隐秘地相信，经由自我控诉作用，他可以“渡过难关”。我们可以在日常生活中观察到这一过程。如果一个人后悔自己做了一些事，或未能完成一些事，因而想要重新做人或改变引起这种失败的态度，他就不会使自己陷入罪恶感中。但假如他使自己沉浸于罪恶感中，这就表示他逃避了改变自己的艰苦工作。悔恨自责比改变自己要轻松多了。

附带的，神经症患者使自己对改变之必要性完全无知的另一方法，就是理智化他的现存问题，那些喜欢这样做的病人，在获得心理学知识的过程中找到知识上的很大满足，这知识包括关于其自身的认识，但是也只是到此为止。这种理智化态度被用来当作庇护所，防止他们体验到任何充满情绪的事物，以防止他们看出自己必须改变。这种态度就好像是他们在观察自己一阵子之后，然后说道：瞧，多么有趣啊！

自我控诉态度也可以作为排除谴责他人的危险的方法，因为把罪恶承担至自己身上，似乎要安全得多了。这种对批评及非难他人的抑制作用，会增强非难自己的倾向，这一点在神经症中扮演了很重要的角色，因此我们应对此进行更深入的讨论。

一般而言，这种抑制作用是源远流长的。一个在充满恐惧及憎恨的环境中成长的孩童，会限制了自己自发的自尊心，因而会在内心深深地怨恨他的周遭环境。然而，他不只无法把这些怨恨表达出来，而且如果他过分胆怯的话，他甚至不敢在他的意识感觉中知觉到它们的存在。这部分是因为对惩罚的单纯恐惧，部分则是因为他恐惧丧失自己所需要的关爱。这种幼稚的反应，在现实上有坚固的基础，只要那些创造这些环境气氛的父母，因为他们自己的病态敏感无法接受一点批评。然而，这种“父母就是权威”、“天下无不是的父母”的态度的无孔不入，却是由于文化的因素。[①]在我们的文化中，父母的地位乃是建基于一种权威力量上，它要求强迫性的服从。在许多情形下，仁爱是家庭内关系的主要原则，因此父母不需要强调他们的权威力量；然而尽管如此，只要这个文化态度仍然存在，它就多少会使家庭关系蒙上阴影，甚至在它隐入幕后时，也会有所影响。

当一种关系靠权威来维持时，任何批评都是一种禁忌，因为它会削弱或破坏了权威。它可能会被公开地禁止，并对任何违反都加以强制处罚；但更有效的，是把这种禁忌作用隐秘化，并使其置于道德的根基上。于是子女对父母的批评，不仅受到父母个人的敏感的阻碍，还会受到下述事实的限制，即由于父母内心接受了文化的态度，认为批评父母是一种罪恶，从而或隐秘或公开地使子女也一样接受了这种态度。在这种情境下，一个比较不胆怯畏缩的子女，可能会表现出一些反抗，但是他却反而因此更感到罪孽深重。一个比较胆怯畏缩的子女，

① 参看弗洛姆的《权威与家庭》（1936），马克斯·霍克海默（Max Horkheimer）主编。

则根本不敢显示出任何怨恨不满，并且甚至逐渐地不敢想到父母可能是错误的。然而，他感到一定有人是错误的，因而由此获致结论，即既然父母永远都是对的，那么一定是自己做错了。不必说，这通常不是属于理智的过程，而是情绪的作用，它不是由思维而是由恐惧决定的。

以此方式，孩童开始感到罪孽深重，或者更正确地说，他形成了从自己身上寻找及发现错误的倾向，而不知道心平气和地衡量自己与父母的是非，对全部情境加以客观的考虑。他的自我责难态度更可能会使他感到自卑，而不是罪恶感。在这两种感受之间只有些微的差别，而这完全取决于他的周遭环境所通行的道德或明或暗地强调哪一方面。一个女孩子会接受自己姐妹盛气凌人的统治，并且由于害怕会完全屈服于这种不公平的待遇时，她或者在心中告诉自己，说这种不公平的待遇是应当的，因为她自己比姐妹要差劲（如比较不美丽，比较笨拙），或者她会相信这待遇是合情合理的，因为自己是个坏女孩。然而，在两种情况下，她都是责怪自己，而不知道这是别人在错误地对待她。

这种反应方式并不必然会固定不变。如果它没有太深入地铭刻于孩童的脑海里，如果这孩童的周遭环境有所改变，或者在他生命中，有人对他表示欣赏、赞誉，并且在感情上支持他，那么这种反应就可能改变。然而如果这种改变并没有发生，那种把责难别人转化成责难自己的倾向，就会随着时间的推移而变得更加强烈。同时，对整个世界的怨恨不满也逐渐地出于许多因素而开始郁积，而对表达怨恨的恐惧也开始发展，其原因系由于对被人发现其怨恨心理的恐惧逐渐增加，同时假定别人也会与他一样对此十分敏感。

但是认识到一种态度的历史根源，仍然不足以说明它。从实际上及动力学上来说，更重要的问题是，到底是什么因素使这一态度在那一时刻发生。在神经症患者超乎寻常的难以表达批评及提出任何责难的态度中，有许多决定因素存在于他的成年人格之中。

首先，这种无法提出批评的态度乃是表现了他的缺乏自发性的自我肯定。为了了解这种缺陷，我们只需要把他的态度与在我们的文化中，正常人在感受或表达非难控诉时的态度及行为，或者更广泛地说，正常的人在攻击与防御方面所表现的态度与行为互相比较就可以了解。正常人能够在一次辩论中，替自己的意见辩护，能够驳斥一项不适当的责难、巴结或强迫，能对别人的冷落或欺骗表示抗议，拒绝一次请求或一项解答，如果他不喜欢，同时环境也容许他加以拒绝的话。他能够在必要时，感受并表达批判的态度或责难的行为，自由自在地远离别人或赶走别人，只要他愿意。此外他能够防卫或攻击，而不会有过分的情绪紧张，并且保持中庸之道，既不会夸大地责难自己，也不会夸张地攻击别人，因为这两种极端会使他不适当地、粗暴地责怪整个世界。采取这种合乎中庸的幸福态度，只有根据下述基础才有可能，即不受含混的无意识敌意的束缚，并且拥有更安全的自尊心；而这种情境在神经症患者中多少是欠缺的。

当人缺乏这种自发的自我肯定，其不可避免的结果是，他会产生一种软弱及毫无防御能力的感觉。一个知道——也许他自己根本没有去思考过——假如情境需要，他可以攻击或者保卫自己的人自然是强健的，而且也会感到自己是强健的；一个坚信自己很可能无法做这件事的人，不用说必然是软弱的，并且感到自己是软弱的。我们每个人皆有如电动钟表一样，正确无误地记录下我们是由于恐惧还是由于智慧而平息一项争论，是由于软弱还是由于正义感才接受一种责难，虽然我们可能成功地欺骗自己的意识知觉。对神经症患者而言，这种对自己软弱的坚信乃是他的困扰的长久隐秘来源。许多人的抑郁消沉，都是在他无法替自己的论点辩护，或者表达一项批判意见时而开始的。

批评及非难更进一步的重要障碍，直接地与基本焦虑相联系。如果他感到外在世界充满了敌意，并且面对着这个世界他完全无能为力，那么他会认为冒险去打扰别人，使别人不快，是十分不安全的。对神经症患者而言，这种危险显得更为巨大，而他的安全感越是依赖于别人的关爱，他就会越害怕丧失别人的关爱。对他而言，干扰别人、使别人烦躁的结果，完全与正常人所想到的不一样。由于他与别人的关系是很脆弱易碎的，因此他无法相信别人与他的关系会有多少坚固可言。因此他认为得罪他人充满关系破裂的危险。他预期到自己会被完全抛弃、憎恨或唾弃。除此之外，他在意识或无意识里相信别人会正如他一样的恐惧万分，害怕被人揭露及批评，因此他会尽量对别人谦恭有礼，正如他希望别人如此对待他一样。他对表达甚至感受责难态度的极端恐惧，使他陷入了一种特殊的矛盾中，正如我们所见的，他内心充满了郁积的怨恨心情。事实上，正如每个熟悉神经症患者行为的人所知的，大量的责难态度的确有时会表达出来，有时候是以隐晦的态度，有时候则以公开的及最具攻击性的形式出现。由于我主张在他们对批判及非难的态度中含有怯懦的基本成分，因此我们不妨在此简短地讨论使这种非难得以表达出来的情境。

它们可能会在绝望的压力下表现出来，或更准确地说，当神经症患者感到表达非难并不会使他丧失什么时，当他感到自己无论如何都会被拒绝，不论他的行为如何时。例如，如果他的特别待人仁慈及关心的努力，并没有马上获得回报或被人拒绝，这种情境就会产生；他的责难态度是一次性激烈地爆发完毕，还是持续了一段时间，有赖于他的绝望的持久性。他可能会在一件单纯的危机中，把他对他人的不满全部倾泻出来，也可能把他的责难态度维持一段很长的时期。他说到做到，并且希望别人认真地对待他说的话——然而，他也在内心隐秘地希望，别人会明了他内心的绝望之深刻，因而安慰他。即使内心没有绝望，他也可能会发泄责难，即如果非难的对象是神经症患者在意识上所憎恨的人，以及他对这个人根本不期望任何东西。还有一种情形下，这种真诚的要素也不存在了，我们将对此加以讨论。

神经症患者也能够激烈地表达他的责难态度，如果他感到自己正处于被人责备的危险中，或已被人责备了。这时激怒别人的危险，比起被人否定之危险来，已变得微不足道了。他感到自己正处于危机之中，因而要加以反击，就像一头动物在遭受危险或大自然的威胁时，要挣扎反击一样。病人可能会把激烈的非难加诸心理分析师身上，当他们最害怕分析师揭开他们内心的某些秘密时，或者当他们做了一件预期会招致别人的否定之事时。

与在绝望的压力下所发泄的非难不同，这一类的攻击态度是盲目的。它们不分青红皂白地发泄而不管对他人的责难是否正确，因为这乃是由于一种要排除一项立刻会发生的危险，而不论他所使用的方法是什么。这里面虽然有时候也包含了真正感受到的真实的非难，但主要却是经过夸大及幻想的。在内心深处，神经症患者并不相信自己这些攻击之词，也并不期望别人会把它们当作一回事，如果有人相信了，例如，如果别人与他认真地讨论他的态度，或表现出被伤害的迹象，他会感到十分惊奇。

当我们明了对非难的恐惧，是深藏于神经症患者的人格结构中的固有部分，同时又更进一步明了处理这恐惧的种种方式时，我们就可以了解为什么在这方面的表面行为现象往往与真相矛盾。神经症患者常常会无法表达一项合理的批评，甚至即使他内心充满了强烈的不满。每次他失掉了什么东西，他都会相信是女仆偷窃的；尽管如此，当女仆没有按时开饭，他却十分难以责备她或甚至提出抗议。他所表达出来的非难，常常多少带有一种不真实的特性，抓不住真正要点所在，带有虚伪的色彩，是不恰当的或完全出于幻想的。作为一个病人，他可能会以极端的责难加诸心理分析师身上，说他毁掉了他，但是却无法对心理分析师的香烟味表示真心的抗议。

这些非难的公开表示，通常并不足以发泄所有郁积的怨恨心情。为了完成完全的发泄，必须要用间接的方法，这方法使神经症患者一边表达自己的怨恨，一边却又对此毫不知情。这些怨恨有些是无意中发泄出来的，有些则是他从一个他真正要责难的人那里转嫁到一个比较不相干的人身上的——例如当一个女人不满自己的丈夫时，可能会责骂她的女仆——或者发泄在怨天尤人上。这些都是安全阀，它们本身并不是神经症特有的。神经症患者表现出这些责难的特定方法，是间接地及无意识地利用受苦的媒介来表达。经由痛苦，神经症患者可以使自己表现为活生生的指责。一个女人由于丈夫回家太晚而生病，乃是要更有效表达自己的怨怒，她不必大吵大闹，还能获得很大的利益，即自己在自己的眼中，成为无辜的受害者。

用痛苦表达非难的效果如何，乃必须依赖对提出非难的抑制作用之强度而定。如果恐惧心不太强烈，痛苦可以戏剧性地表现出来，带着公开的一般责难的内容："你看，你使我如何痛苦"，事实上这乃是非难态度可以表达的第三个条件，因为痛苦使非难变得合情合理。这里与用来获得关爱的方法——我们早已在前文讨论过——也有密切关联。非难性的受苦同时又可以充当乞求怜悯的方法，获取眷爱以弥补伤害。但在表达非难方面抑制越大，痛苦就越不外露。这可能会走向极端，即神经症患者甚至不会让别人注意到他正在受苦的事实。总之，我们在他的展示和表现痛苦的方式中发现了种种不同的形式。

由于他内心充满了恐惧，神经症患者不断地在非难别人与自我责难之间徘徊。结果之一，是一种永恒的及绝望的不确定感，不知道他在批评自己或认为自己做错事这件事上是否正确。他从经验中确信或明了他的责难态度常常是不合现实的，并且充满了他自己的非理性反应。这个认识也促使他难以明白他是否真的错了，因而使他无法在必要时采取坚定的立场。

我们旁观者很容易把这些外在现象解释为一种特别敏锐的罪恶感的表现。这并不表示旁观者本身是神经症患者，而是表示他的思想及感觉与神经症患者的一样，乃是受文化所影响的。要了解我们对罪恶感的态度上所受到的文化影响，我们必须考虑历史、文化及哲学上的问题，然而这些问题远远超过本书的范围。不过即使要完全略过这一问题，我们至少也必须提到基督教观念对道德的影响。

对罪恶感的这种讨论，可以很简略地总结如下：当神经症患者责备自己，或者显示出某些罪恶感时，我们所应该问的第一个问题，不是“什么使他感到罪孽深重”，而是“这种自我责难的态度可能具有什么功能和作用”。我们所发现的主要作用是：表现了他的对被人否定的恐惧、防御此一恐惧，以及避免自己责难别人。

当弗洛伊德及大部分的心理分析专家，倾向于把罪恶感当作基本的动机时，他们反映了他们那个时代的思想潮流。弗洛伊德认出罪恶感是由恐惧所产生的，因为他主张恐惧对“超我”的产生有所影响和贡献，因此“超我”必须对罪恶感负责。可是他倾向于相信良心的要求及罪恶感一旦建立，就会成为最后的决定事物。更深入的分析显示出，即使在我们学会了以罪恶感来对良心的压力做出反应，并且接受了道德标准以后，这些罪恶感的背后动机——虽然它只以精巧及间接的方式表现出来——却仍是对后果的直接恐惧。

假如我们承认罪恶感本身并不是最基本的动机力量，我们就必须修正一些心理分析学理论，这一理论乃建基于假定罪恶感——尤其是那种性质含混不清的，被弗洛伊德勉强称为无意识罪恶感的——是产生神经症的最主要因素。我只要提到这种学说的最重要的三点：一为“消极治疗反应”（Negative Therapeutic Reaction），这一观点认为病人由于无意识的罪恶感宁愿保持生病状态；[①]其二“超我”作为一种内在的建构，促使自己惩罚自己；第三种为那种道德性的被虐狂，它把自我惩罚的苦楚解释为需要惩罚的结果。

---

① 参见霍尼《消极治疗反应的难题》（“The Problem of the Negative Therapeutic Reaction”），载于《精神分析季刊》第5卷，1936年版，第29~45页。

第十四章　病态痛苦的意义

——受虐狂问题

我们已看到在与自己的内心冲突挣扎奋斗中，神经症患者经历了巨大的痛苦，他往往把痛苦当作实现某些目标的方法，并且这些目标多由于存在的困境，用其他方式是非常难以获得的。虽然我们可以在每个个别情境中，发现痛苦被利用的理由，以及它们所要达到的目标，但是我们仍然会困惑不解，为什么他们愿意付出这么大的代价。外表上看来，好像这种对痛苦的慷慨运用，以及毫不迟疑地逃避一切积极的人生，似乎是由一种潜在的驱力所策动的，这种驱力可以粗略地描述为一种要使自己变得软弱而不强健，悲惨而不快乐的倾向。

由于这一倾向与一般的人性观念相矛盾，因此它是个令人完全迷惑不解的现象，事实上，它是心理学及精神病学的绊脚石。它的确是受虐狂的基本问题。受虐狂这个词在原义上是指性的异常及幻想，在这一病态行为中性的满足是经由痛苦，经由被人鞭打、折磨、强暴、奴役、侮辱而获得的。弗洛伊德曾发现这些性异常及幻想与一般的受苦倾向有密切关系，换言之，与性本能没有明显的相关。后面这一倾向已被界定为："道德上的受虐狂"（Moral Masochism）。由于在性异常及幻想中，受苦的目的是要得到积极的满足，因此他下结论道：所有神经症患者的病态痛苦乃是为一种需要被满足的愿望所决定的，或以更简单的话来说，神经症患者希望受苦。至于性异常及所谓的道德受虐狂之间的不同，他假定这是一种知觉程度的差异。在前者，对满足的追求及满足本身都是意识层面的，而后者都是无意识层面的。

经由受苦而获得满足，即使在性异常人的身上也是个天大的问题，而在一般的受苦倾向中的问题，则更是令人困惑不解。

有许多人曾尝试去解释受虐狂的倾向。这些解释之中最精彩的乃是弗洛伊德的死亡本能假说[①]。简言之，这一假说主张在

① 弗洛伊德：《超越快乐的原则》（*Beyond the Pleasure Principle*），国际精神分析文库第4卷。

人的内心有两大主要生物力量在运作：生命本能与死亡本能。后一力量，目的是在于自我毁灭，当它与力比多相结合时，就会导致受虐狂的现象。

我要在此提出一个饶富兴味的问题，那就是这种受苦的倾向是否可以用心理学来解释，而不必求助于一种生物上的假说。

开始讨论之前，我们必须先应付一种误解，该误解来源于把真实的受苦及受苦倾向互相混淆。我们没有理由判断说既然痛苦存在，那么就必有一种引发它或甚至享受它的倾向存在。例如，我们不能与多伊奇（H. Deutsch）[①]一样，把在我们文化中，女人在分娩时有痛苦产生的事实，当作证明女人在内心隐秘地、受虐狂式地享受这些痛苦的证据，虽然这一点可能在某一些特殊情形下是真实的。事实上，神经症患者所产生的大部分痛苦，与要受苦的愿望没有任何关系，而只是现存内心冲突之不可避免的结果。它的发生就好像在人们跌断了腿后会发生痛苦一样。在这两种情形里，不论个人希望或不希望受苦，都会出现痛苦，而且他们并不会经由这一痛苦而获得任何好处。

① H·多伊奇：《母亲身份与性能力》（"Motherhood and Sexuality"），载于《精神分析季刊》第2卷，1933年版，第476~488页。

由现存的内心冲突所引发的明显焦虑，乃是神经症痛苦的显著实例，但却并不是唯一的；其他类型的病态痛苦，也可以以此方式来加以理解——例如，认识到潜力与实际成就之间逐渐增大的差距时的痛苦，感到绝望无助地陷入某些矛盾中的痛苦，对最微不足道的侮辱过分敏感的痛苦，因为自己有神经症而轻视自己之痛苦。神经症患者的这部分病态痛苦，由于它十分不显著，因而当这个问题被假定为神经症患者希望受苦时，它们往往就全部为人所忽略了。而且当这种情形发生后，我们有时就不免会奇怪，到底外行人，甚至一些精神病学家，有多少是在无意识中与神经症患者对自己态度一样，也是持轻视态度的呢。

我们已经指出有些神经症患者的痛苦并不是由受苦倾向所产生的，那么我们现在要转而讨论那些确实由受苦倾向所造成，亦即所谓受虐狂的驱力范围内的病态痛苦。在这些情况中，人们得到的表面印象是神经症患者所受的痛苦超过了现实的程度。更详细地说，他使人产生一种印象，认为在他内心中有些倾向要急切地抓住任何受苦的机会，他会设法把有利、幸运的环境都变成痛苦的环境，他也极不愿意解除痛苦。然而造成这种印象的行为，有大部分可以由这些病态痛苦对神经症患者所具有的功能来解释。

至于这些病态痛苦的作用，我也可以总结我们在前几章所谈到的。痛苦对神经症患者可能具有一种直接的防御价值，而且事实上，常常会是使他能够防卫自己和避免紧急危险的唯一方法。经由自我非难，他避免了被人非难及非难别人；借假装生病或无知，他可以避免被人责骂；通过贬低自己，他避免了竞争的危险——而且他由此所带给自己的痛苦，也同样是一种防御。

痛苦也是他获得他所需要的东西的方法，是有效地实现他的要求及将自己的要求合理化的方法。在他对人生的愿望中，神经症患者也陷入了困境。他的愿望是——或者已变成是——强迫性及无条件的，部分因为它们乃是由焦虑所驱使，部分是因为它们并没有对他人的现实与限制有任何的考虑。不过在另一方面，他肯定自己要求的能力却受到很大的障碍，因为他缺乏自发的自我肯定，或者以更平常的字眼来说，是因为他那软弱无能的基本感觉。这种两难困境的结果，使他期望别人来关心他的愿望。他给人产生的印象是，在他的行为背后潜藏着一种信念，认为别人必须负担起他的生活责任，而如果他的事情有任何差错，那么就应怪罪别人。这与他的另一信念互相冲突，即他认为没有人会愿意给予他任何东西，因此其结果是，他感到自己必须逼迫别人以满足自己的愿望。也就是在这一点上，受苦成为他的助手。受苦及无助感成为他获得关爱、帮助、控制力的最主要手段，同时又容许他能够排除一切别人要求他的可能。

最后，受苦还有一种功能，即以一种伪装的但却十分有效的方法来表示自己对别人的非难和控诉。对此我们曾在前几章中详细地讨论过。

在我们认清病态痛苦的功能时，我们就已揭开了这一问题的某些神秘特质，但是问题仍然未得到完全的解决。尽管受苦具有战略上的价值，但仍有一个因素使人会倾向于支持神经症患者希望受苦的理论：因为他所受的苦，常常超过了战略目标的程度，因而显得不合理。他往往会夸大他的悲苦，使自己淹没于软弱无能、不快乐及一文不值的感觉中。虽然我们知道他的情绪本来就容易夸张，而且知道我们不宜光以表面价值来判断，但我们还是为下述事实所震惊，即由他的内心冲突倾向所产生的失望，使他陷入了悲苦的深渊，这悲苦与当时情境对他的意义不成比例。当他只是成就稍微有些逊色时，他却戏剧性地渲染他的失败，把它当作不可挽回的耻辱；当他只是没有维护他的立场时，他的自尊心却如泄了气的气球一样，整个萎缩并一落千丈；当他在心理分析过程中，为解决问题，必须面对一个揭开症结所在的不愉快的过程时，他就陷入绝对的绝望无助中。因此我们仍然必须考察为什么他似乎如此心甘情愿地使自己的痛苦增加，超过了战略上的需要。

在这种痛苦中，并没有明显的利益可以获得，没有观众会为之感动，没有任何同情心会出现，因而也无法使自己的意志强加于他人身上以得到内心秘密的胜利。然而，对神经症患者而言，这受苦却有所收益，不过是属于不同的方面。在爱情关系中遭到惨败，在竞争中被人打败，必须知觉到自身上的软弱与缺陷，对一位自视很高、自认与众不同的人而言，乃是不可忍受的。因此当他发现在自己的尊严方面变得一无所有时，成功与失败、优越与低下的分别都不再有任何意义了。经由夸大他的痛苦，经由使自己沉浸在悲苦或一文不值的基本感觉中，那种加剧的惨痛体验就丧失了一些真实性，而这特定的痛苦就被麻醉和减轻了。在这过程中运作的是一种辩证性原理，它包含一种在某些时候量变能化作质变的哲学原理。具体地说，它表示虽然受苦是痛苦的，但是使自己陷入极端的过度的痛苦中，反而会产生一种类似鸦片的作用，可减轻痛苦。

对这种过程的精彩描述可以在一本丹麦小说[①]中看到。这本小说是说有一位作家，他深爱的妻子在两年前被人强暴后杀

① Aage Von Kohl 所著 *Der Weg dwch die Nacht*(由丹麦文译成德文)。

害了。他通过虚拟地体验事情的发生经过，最终成功地排解了这无法忍受的痛苦。为了逃避对自己悲伤的知觉，他埋首于工作中并且孜孜不倦、夜以继日地撰写一本书。故事叙述之开始，即是书中作家完成这一著作的那天，亦即在他必须面对自己痛苦心理的决定时刻。我们最先看到他正在墓园中，任意地在里面徘徊。我们看到他正沉湎于最令人毛骨悚然的幻想中，如蛆虫啃食尸体，人们被活活埋入地下的景象。他最后心力交瘁地回到家里，然而他的折磨仍然继续着，他无法不去回忆过去那件事所发生的每一个细节。也许那天晚上，当他的太太去访问朋友时，他陪同她一起去的话，那件谋杀案就不会发生。如果她打过电话给他，要他去接她回家，如果她留在朋友家里而不回来，如果他自己出去散步并且在车站碰巧遇见她，那么这件事也许就不会发生。这些念头一一闪过他的脑际。他禁不住想象着全部细节，那件谋杀案是如何进行的，直到最后他感到无法控制的痛苦，终于失去了意识为止。故事至此，对我们所讨论的问题有特别的意味在内。书中的后续情节是，在他从折磨和病苦中恢复过来时，他仍然必须思考报复的问题，不过最后他能够现实地面对自己的痛苦了。这本小说中所陈示的过程，我们也可以在某些丧葬习俗中看到。这些风俗通过增强悲哀的气氛来减轻痛苦，并且反而因此脱离痛苦。

当我们明白了这种夸张痛苦的麻醉效果后，我们就可以进一步发掘受虐狂愿望后面的动机了。这种痛苦能够产生满足，正如我们在受虐的性行为及性幻想中能明显观察到的，在一般受苦倾向的病态行为中我们也怀疑它是存在着的，然而尚有一个问题要问，即为什么痛苦能产生满足？

为了回答这个问题，我们首先必须明了受虐态度所共同具有的要素，或者更正确地说，即潜藏于这些倾向背后的对人生的基本态度。我们根据这一观点考察他们，就会发现最通常的现象是他们具有一种软弱的感觉。这种感觉出现于他们对自己的态度中，出现于对别人和对一般命运的态度中。简言之，我们可把它描述为一种深深地感到自己无足轻重或一无所是的虚无感，一种自己如芦苇般柔弱，很容易被任何微风所吹动的感觉，一种受别人支配控制、完全依赖别人的感觉，表现为一种过度顺从的倾向，或者为了防御而过分强调控制别人及永不屈服的态度。他们依赖别人的关怀并依赖别人的判断，前者表现为对爱的不寻常需求，后者显示出对招致否定的不寻常恐惧。这是一种感到自己无法为自己的人生做任何有意义、任何积极的事，因而让别人来承担起自己人生的责任并替自己做决定的感觉。一种所感到的美好及丑恶皆来自外界，自己完全无法面对命运，在命运的播弄下无依无靠的感觉——他一方面消极地沉沦堕落，一方面却又积极地在期望、幻想一些奇迹发生，在自己不费吹灰之力的情况下。一种感到对一般的人生都无法享受，如果没有别人来提供动机、方法与目的，自己就无法生存、工作、快乐的感觉。一种感到自己是命运的奴隶、别人的奴仆的感觉。我们如何来理解这种认为自己软弱无用的感觉呢？归根结蒂，它是不是表示一种生命的活力的缺乏？也许在一些情形中的确如此。但是就全体而言，神经症患者的生命力差异并不比正常人的差异更大。那么它是不是基本焦虑的单纯结果？不错，焦虑不安与它有一些关系，但是只有焦虑不安，也可能会产生相反的影响，反而促使人们去努力并获得更大的力量及活力，促使人们勇往直前，以便获得安全感。

我们的回答是，这种内心软弱的感觉根本不是事实。他所感到的软弱，及表现得软弱的，只是一种弱化倾向的结果。这一事实，可以从我们早已讨论过的特征中加以了解，即在神经症患者自己的感觉中，他无意识地夸大了他的软弱无用，并且固执地坚持自己的软弱无用。我们不只可以通过逻辑推理发现这种软弱倾向，我们还会经常发现它处于运作中。病人可能在想象中抓住每一个让自己相信自己患有生理上疾病的可能性。有一个病人，只要一遇到任何困难，就十分意识清醒地希望自己患有肺结核，躺在疗养院中，完全受人照顾看护。如果有人对他有任何要求，他的第一个冲动可能是服从，然后他会走向另一极端，无论如何都拒绝屈服。在心理分析中，病人的自我非难往往是因为他把他所预料到的批评当作自己意见之结果，这显示出他会不加考虑地服从任何判断。这种盲目接受权威的主张、依附别人、永远要以一种无依无助的“我不能”的态度逃避困难，而不把困难当作一种挑战来接受的倾向，乃是弱化倾向的进一步证明。

通常这些弱化倾向所带来的痛苦，并不能产生意识上的满足，相反，不论他们的目的是什么，这种弱化倾向都成为了神经症患者对悲惨知觉的一部分。然而这些倾向的目的是要获得一种满足，即使它无法达到，或至少看起来无法达到这一目的。有时候，我们可以观察到这一目的；有时候，我们甚至可以很明显地看到获得满足的目的已经达到。有一个病人去拜访一些住在乡下的朋友，但当她到了车站时，没有人来接她，而她到了他们家后，又发现有些朋友不在家中。她因而感到十分失望。她说，至此为止她的经历都是令人痛苦的。但接下来她感到自己陷入一种完全孤寂及凄凉的感觉中。不久之后，她认识到这种感觉完全与诱发因素不成比例，超过了她所受的刺激。而现在这种陷入悲哀的现象，不只可以减轻她的痛苦，而且甚至令她愉快。

在具有受虐狂人格的人的性幻想及异常行为中，可以更经常、更明显地发现这种满足的实现。例如在被人强暴、鞭打、侮辱、奴役的幻想中，或者在这一类的真实行为中。事实上，它们只是同一种弱化倾向的另一种不同表现。

通过陷入悲苦中的方法来获得满足，乃是通过使自己迷失于更伟大、更强健的事物中，经由个体性的消失溶解，经由放弃自我以及它的怀疑、冲突、痛苦、局限及孤立，而获得满足的一般原则的一种表现。[①]这就是尼采所说的从“个体性原则”(Principium Individuations)中解脱出来。它也就是他所谓的“狄奥尼索斯”倾向(酒神精神)，他认为它是人类的基本需求之一，与他所谓的日神精神相反，这种日神精神倾向于一种对人生的积极支配及控制。本尼迪克特把人们努力获取狂欢经验的倾向称为酒神精神，并且指出这些倾向在许多不同的文化中流传广布，它们的表现多姿多彩，炫人耳目。

“狄奥尼索斯”这字眼乃是取自古代希腊的酒神崇拜仪式。这一仪式，与更早期的色雷斯人崇拜仪式一样，[②]它们的目

① 对受虐倾向获得满足的这种解释，我与弗洛姆的解释基本相同。

② 欧文·罗德(Erwin Rohde)：《精神：古希腊人灵魂和信仰不朽的宗教仪式》，1925年版。

的都是在强烈刺激所有的感觉，使各种感官达到梦幻的状态。这种产生销魂状态的方法有，音乐、高亢的节奏、夜以继日的狂舞、酗酒享乐、荒淫的逸乐，全部都达到兴奋及销魂的境界中（销魂这个字眼在原义上是指忘我之境）。世界各地都有同一原理的风俗及仪式，在集体，是宗教的狂欢仪式及节日的放纵，而在个人身上，则是沉迷于迷药以达到忘我的境界。痛苦在产生狄奥尼索斯狂欢中也占有一席地位。在某些平地印第安部落中，幻象的产生，乃是经由捆缚、割肉，或以很痛苦的姿势把人的四肢捆绑起来来实现。在太阳舞——这是平地印第安人最重要的仪式——中，身体上的折磨乃是激发销魂体验的常用方法。[①]中世纪的鞭笞教派（Flagellantes），便利用互相鞭笞来产生狂欢。新墨西哥州的苦行教派（Penitentes），利用荆刺、鞭打及负载重物，来获得快感。

虽然这些狄奥尼索斯倾向在我们文化中并不是模式化的经验，但它们却并不完全与我们无关。在某些程度上，我们大家都知道由“放弃自我”所带来的满足。我们在一次生理或心智

---

① 莱斯利·施皮尔（Leslie Spier）：《平地印第安人的太阳舞：其发展和传播》（“The Sun Dance of the Plains Indians: Its Development and Diffusion”），载于《美国自然史博物馆人类学论文集》（*Anthropological Papers of the American Museum of Natural History*），第16卷，第7部分，纽约，1921年版。

上的紧张后进入睡眠的过程中，或者沉湎于麻醉品中时都能感到这种忘我的满足。这一效果也可以由酒精所引发。在使用酒精的过程中，人们的确是会解除心理上的抑制作用，这就是这种满足的原因之一，而减轻悲哀及焦虑则是另一个原因。然而在此，最终的目的还是在于忘我及忘却一切的放纵，且世上很少有人，不知道使自己消融于一些伟大的感觉中——不论它是爱、大自然、音乐、工作热忱，或性的放纵——就可以获得满足。我们该如何解释这些追求作为人类的通性，在文化上的普遍性呢?

尽管生活可以给所有人提供人生快乐，但它同时也充满了不可避免的悲剧。即使没有特殊的痛苦，在人生中仍然充满了衰老、疾病及死亡的事实。以更广泛的字眼来说，在人类的生命中，个人仍然是有限度及孤立的——他的理解、成就或快乐都是有限度的，因为他是一个独特的个体，因而是孤立的，与他的同胞及周遭的大自然相分离。事实上，也就是这种个体的限制及孤立性，正是那些寻求忘我、寻求放纵的文化试图克服的。这种努力最美丽精彩及深刻精辟的表达，可以在《奥义书》中发现，可以从一条东流的河水中发现，它无尽地向东流，然后汇入茫茫的大海里，失去了自己的形状及名字，成为大海的一部分。经由使自己融入更伟大的事件中，经由成为更伟大事物的一部分，个体在某种程度上克服了自己的限度；正如在《奥义书》中所陈示的："借消失于空无中，我们成为宇宙创造原理的一部分。"这似乎是宗教所能给予人类的最大满足及安慰。经由失去自我，人可以与上帝或大自然合一。我们也可以通过献身于一个更崇高伟大的理想中，获得这种满足，感到自己与更伟大的造物主合一。

而在我们的文化中，我们可以发现更多的与上文所说的相反的自我态度，这一态度强调个体的独特性及特异性，并赋予其极高的评价。在我们文化中的人，强烈地感觉到自己的自我是一个孤立的整体，与外在世界相对立或完全无关。他不只坚持这一个体性，而且也从它得到很大的满足。他在发展自己的特殊潜能中，在主宰自己及世界中，在积极地征服自然中，在做建设性及创造性的工作中，发现人生的幸福。对于这种个性发展的理想，歌德说过："人最大的幸福就在于发展个性。"

然而，我们刚刚讨论的倾向——要突破个体的限制，以及放弃有限性及孤独性的倾向——也同样根深蒂固地存在于人类的态度中，而且也孕育着无限的满足。这两种倾向本身都不是病态的。维持并发展个性，以及牺牲个体这两种方式，都是解决人类问题的合理目标。

所有神经症患者都有放弃自我的倾向，并且是以最直接的形式表现出来的。它可能表现为幻想自己离开家庭并成为一个流浪者，或者丧失了自己的身份，把自己与小说中的人物互相认同；也可以表现为一种如我的一位病人所称的，自己被遗弃于无边的黑暗及浪涛之中，并且与这黑暗及浪涛合一的感觉。这种倾向，可以存在于希望被催眠的愿望中、神秘主义的倾向中、虚幻而不真实的感觉里和对睡眠的不寻常需要中，甚至存在于生病、疯狂及死亡的欲望中。正如我前面所提过的，在各种受虐狂的幻想中，共通的指标是一种受别人主宰和奴役的感觉，一种被剥夺了所有意志和所有力量的感觉，完全受别人的意志支配的感觉。这每一种不同的外在表现，当然决定了它的特殊方式并且有各自的内容。例如，一种被奴役的感觉，可能只是受害者的一般倾向的一个组成部分，并因而成为避免自己奴役别人的防御手段，以及成为一种对别人的控诉，责备他们不为自己所控制。不过它除了这种具有防御及表达敌意的价值，还暗含着自我投降的积极价值。

不论神经症患者是屈服于别人还是屈服于命运，不论他自愿加诸自己身上的痛苦是什么，他所追求的满足似乎都是使自己的个性软弱化或消除个性。他于是不再是积极的行动者，而是成为一种客体、一种物体，不再具有自己的意志。

当受虐驱力融入一种消除自我的追求之一般现象中时，他所追求的并通过软弱无用及痛苦来获得的满足，就不再令人感到奇怪。它被放在为人所熟知的参考架构内。[①]神经症患者身上固执不化的追求被虐的态度，同时也可以作为一种防止焦虑的庇护所，并产生一种潜在的或真正的满足。正如我们所知道的，这种满足很少是真实的，除了在性幻想及性异常行为中；尽管它在软弱及被动的一般倾向中，是很重要的要素。于是我们会引出最后的问题，即为什么神经症患者很少通过忘我与放任，获得他所希望得到的满足呢？

一种使这一满足无法实现的重要原因，乃是被虐待的驱力，会受到神经症患者对个性独特性的极端强调之反击。大部分的被虐狂现象，与神经症的症状一样，其性质是各种互不相容的追求的一种妥协。神经症患者倾向于服从每个人的意志，但是同时，又在坚持世界应该适应他自己。他倾向于感到被人奴役，但是同时又坚持认为他对别人的权力是不可怀疑的。他希望自己无能为力并受人照顾，但是同时又坚持自己不但是足以自足的，而且是至高无上的、无所不能的。他倾向于感到自

---

① 威廉·赖希在《心理关联与植物流》（“Psychisches Korrelat und vegetative Stroemung”）和《性格分析》（“Ueber Charakteranalyse”）两篇文章中做了同样的尝试，要解决受虐的问题。他也主张，受虐的各种倾向与快乐原则并不对立。然而，他将受虐放在性欲的基础上，他将我们描述的消解个体界限的欲望设想为性高潮的欲望。

己一无所是、一文不值，但是如果有人不把他当作天才，他就会感到十分愤怒。在他的身上，显然没有任何满意的解决方案，可以调和这两种极端，尤其是这两种需求都十分强烈时。

这种倾向于忘我和自我消除的驱力，在神经症患者身上，比正常人要更为迫切。因为前者不只希望消除人类普遍存在的孤独、限制和恐惧，同时也要消除那种自己陷入无法解决的冲突中的感觉及由此所引起的痛苦。而他那与此相反的追求权力及荣耀的驱力，同样也是迫切而且比正常人更强烈的。无疑他是在尝试不可能实现的事，即在同一刻无所不有却又一无所有。例如，他可能会无依无助地依赖别人而生活，但是同时又借自己的软弱来控制别人。这些妥协可能会被他错误地以为是自己能屈服于别人的象征。甚至有时候，心理学家也会把两者互相混淆，而认为屈服本身就是一种受虐狂的态度。但事实上正好相反，有被虐倾向的人完全无法使自己屈服于任何事物或任何人。例如，他无法把他的所有精力都投入到一个大事业上，或者完全在爱情中献身于别人。他可以使自己屈服于痛苦，不过在这屈服中他是完全被动的，而引起他痛苦的感觉、兴趣或者是他人，都只是他为了消除自我而放任自己沉迷的一种手段。他自己与别人之间并没有主动的交互关系，他仅仅是以自我为中心追求自己的目的。真正地屈服于一个人或一种因素，乃是内心强健的表示。而受虐性质的屈服完全是一种软弱的表示。

神经症患者所追求的满足很少实现的另一个理由，乃是在于神经症人格结构中所蕴含的破坏性要素。这要素在文化的酒神精神中并不存在。在后者中并没有那种与神经症人格结构中所含有的破坏一切事物的本能驱力存在，所以它并不会像神经症患者一样，破坏所有成就及快乐的可能性。且让我们把希腊的狄奥尼索斯崇拜，与神经症患者堕入疯狂的幻想现象互相做一比较。在前者中，这种欲望乃是一种暂时性的、过渡性的狂欢经验，是要享受人生的喜悦。而在后者，这种倾向解脱及忘我的同样驱力，却不是一种暂时性的屈服，不是趋向再生的，也不是使人生更丰富及更充实的方法。它的目标是要放弃所有苦恼的自我，不考虑它的价值，因而人格的未受伤害的部分遂产生恐惧的反应。事实上，由于自己的部分人格遭受干扰而使全部人格崩溃的恐惧，通常是这一过程中促使神经症患者对其有所觉察的唯一因素。所有的神经症患者都知道自己内心有一种恐惧，害怕自己变得疯狂。只有在这种过程被分解成各个部分时——一种倾向自我消除的驱力，及一种恐惧反应——我们才能了解他虽然在追求那种真切的满足，但是由于受到自己的恐惧心的阻止，他无法获得它。

在我们文化中所特有的一个因素，能够强化与忘我驱力有密切关系的焦虑。在西方文明中，这些驱力很少会在文化模式中获得满足，如果有的话，也只是少数，我们且不管它的病态特征。宗教虽然可以提供这一可能性，但是现代的宗教对多数人而言却已丧失了力量和吸引力。不只在文化中很少有满足这些驱力的模式存在，而且我们的文化也并不鼓励这驱力的发展，因为在一个个人主义的文化中，个人被期望靠自己立定脚跟，自信自主，并且如果必要的话，还要为他的信念而战。在我们的文化里，如果在现实中表现出倾向自我消除的态度，就会有被社会排斥的危险。

在了解阻止了神经症患者得到他所追求的特殊满足的恐惧后，我们就能够了解受虐狂幻想及异常行为对他的价值了。如果他的自我消除的驱力，只是表现于性幻想或在实际的性行为中，他也许可以逃避完全自我毁灭的危险。就像狄奥尼索斯崇拜一样，这种被虐待的行为，提供了一种暂时的解脱及忘我情境，而且在比较上要冒更少伤害自己的危险。受虐倾向通常渗透至人格的全部结构，但有时候它也会集中于性行为上，而人格的其他部分相对不受它的影响。有这样一些人，他们能够在工作中主动积极、充满活力并获得成功，但是却会逐渐地强迫性地沉湎于受虐狂的异常行为中，例如穿着如女人，或者扮演调皮捣蛋的男孩子而让自己受到鞭笞的惩罚。另一方面，使神经症患者无法为自己的困难找到满意的解决方法的恐惧心，也会渗透到他的被虐欲望中。如果这些欲望是属于性的欲望，那么他就会完全远离一切性活动，尽管他有强烈的关于性关系的被虐幻想。他会对异性显示出拒绝、厌恶的态度，或至少有极大的性方面的抑制。

弗洛伊德认为受虐狂的欲望在基本上是一种性现象。他在这方面有极丰富的学说。在源头上，他认为受虐狂从侧面反映出性发展的一个受生物所决定的明确阶段，即所谓的肛欲期。后来，他又补充了这一假说，认为受虐欲望与女性的天性具有一种天生的血缘关系，并包含一种希望自己是个女人的愿望。①他最后的假说，正如我们在前文已提到过的，认为受虐倾向乃是自我毁灭本能及性本能的结合，而它们的功能是要使自我毁灭本能对个人不会产生伤害。

另一方面，我自己的观点可以总结如下。受虐倾向既不是一种在基本上属于性的现象，也不是由生物性来决定其过程的

① 弗洛伊德的《受虐倾向的经济原则》（“The Economic Principle of Masochism”），载于弗洛伊德《论文集》第 2 卷，第 255 ~268 页，和《精神分析引论》。也可以参见卡伦·霍尼：《女性受虐倾向问题》（“The Problem of Feminine Masochism”），载于《精神分析评论》（*Psychoanalytic Review*），第 22 卷，1935 年版。

结果，而是从人格的内在冲突中产生的。它们的目的并不是要感受痛苦。神经症患者与任何人一样，并不希望自己痛苦。神经症患者的受苦，即使它能发挥一些作用，也并不是个人所希望的，而是他所付出的代价；而他所要达到的满足目标，并不是痛苦本身，而是自我的消除。

第十五章　文化与神经症

即使对最富经验的心理分析师而言，每次的心理分析都会产生新的问题。在每个病人身上，他都会发现自己面临一些他从来没有接触过的困难，一些无法了解、更无法说明的态度，一些乍看起来不那么容易识别的反应。如果我们回溯本书前面几章所描述的神经症人格结构之错综复杂，以及考虑许多牵涉到的因素后，这种困难就不会使人感到惊奇了。一个人在他一生中所经历的是多样的，而他所承继的天赋，以及他的童年经历之不同，在引起神经症的构成上，又会造成无限多样的特异性。

然而，正如我在本文开始所指出的，尽管会有这些因人而异的多样性，那产生神经症的主要冲突实际上却永远是相同的。一般而言，它们也是我们今日文化中健全的人所遭遇的冲突。虽然说无法很明确地区分神经症与正常人之间的分别，但是再次重复这一问题肯定是有益无害的。许多读者在自己的经验中省察了这样的冲突与态度后，可以自问：我是不是一个神经症患者？最正确的判断标准是个人是否感到自己内心冲突的困扰和妨碍，以及他是否能够直接地面对与应付它们。

当我们明白在我们文化中的神经症患者，乃是由同样的潜在冲突所引起，以及在比较微小的程度上，正常人也受了这些冲突的影响时，我们也再度遭遇了我们在本书开端所提出的问题：在我们的文化中，是一些什么样的条件，使得神经症集中于我所描述的这些特殊冲突，而非其他冲突？

弗洛伊德曾探究这一问题，但却只是浮光掠影，而未能深入。他的生物学取向，使他完全缺乏社会学视角，因此他尝试把社会现象一概追溯至心理因素，并且把这些因素再溯源至生物因素（力比多理论）。这种倾向，促使许多心理分析学家相信——例如，战争乃是由于死亡本能的作用引起的，我们目前的经济体系乃根基于肛门性欲本能，而机械时代之所以没有在两千年前就开始，乃是因为那时代存有自恋主义的缘故。

弗洛伊德没有把文化当作一种复杂的社会动态的结果，他认为文化是生物本能的产物，这些生物本能被压抑或升华的结果是人们建立了反应的形式以对付这种本能。而对这些本能驱力的压抑作用愈彻底，文化的发展程度就愈高。由于升华作用的能力有限，那些只是单纯地不断被压抑的原始本能缺乏升华的话，就可能会产生神经症，因此文明的成长不可避免地包含了神经症的产生。神经症乃是人类为文化发展所必须付出的代价。

在这套思路之下所潜藏的基本假设，乃是基于下述信念，即人性乃是受生物上或生理上的限制所决定的，或者更明确地说，相信口唇、肛门、生殖器及攻击本能在所有人类身上都存在，而且是无分轩轾、基本等量地分布着。因此个人与个人之间、文化与文化之间的性格形式差异，乃完全是源于它所需要的压抑强度不同，以及这种压抑作用以不同程度，对各种不同的本能驱力所产生的影响。

历史学与人类学上的发现，并没有证实这种文化发展程度与对性或攻击本能的压抑之间的直接关系。这一见解之错误，主要在于它假定了量的关系，而未能注意到质的关系。这种关系并不是存在于压抑程度与文化发展程度的量上，而是存在于个人冲突的质与文化困扰的质之间。我们虽然不能忽略了量的因素，但是这种因素只能依据完整的结构脉络才能给予评价。

在我们的文化里，承继着一些典型的困扰，它如镜子般反映于每个人的生活中，而如果长久积累下去，就会形成神经症。由于我不是社会学家，我只能简短地指出，存在于神经症问题与文化问题上的主要趋向。

现代文化在经济上，乃是奠基于个人竞争的原则上。孤立的个人必须与同一群体内的个体互相竞争，并超越他们之上，并且常常要把他们推到一旁。一个人的利益，就往往是别人的损失。这种情境的心理结果，乃是弥漫于个人之间的敌对态度。每个人都是别人的真正的或潜在的竞争对手。这种情形在同一职业团体的成员中很明显清楚地表现出来，不论他们的竞争是否公平，或是否以彬彬有礼的态度伪装出君子之风。然而，我们也必须加以强调，即竞争与其所伴随的潜在敌对心理存在于所有的人际关系中。竞争乃是社会关系内的主要决定因素。它充满于男人与男人、女人与女人之间的关系之中，而不论其竞争的内容是集中在人气、权力、魅力或任何其他社会价值上，竞争都非常强烈地阻碍了可靠友谊的可能性。同时如我早已指出的，它也破坏、干扰了男人与女人之间的关系，不但在对伴侣的选择方面，还在争夺主导权方面。

它也充斥于学业生活里。同时最重要的也许是，它遍布于家庭情境里，因此自然而然地，孩童从诞生开始，就已播下了这一种子。父子之间的龃龉，母女之间的争执，子女之间的芥蒂，并不是人类的普遍现象，而是对受文化制约的刺激之反应。弗洛伊德的伟大成就之一，乃是在家庭中发现了芥蒂争执，他将之表现于他的俄狄浦斯情结的观念及其他假设上。然而，我们必须补充说明，这些竞争本身并不是受生物条件制约的天生现象，而是特定的文化情境所产生的结果。进一步说，家庭环境并不是竞争发生的唯一地点，这种互相竞争的刺激从生到死，从摇篮时期乃至大限之日都一直活跃着。

这种介于个人之间潜在的敌对紧张态度导致了经常性的恐惧——对他人的潜在敌意的恐惧，这一恐惧又因害怕自己的敌对招致他人报复而加强。另外一种存在于正常个人心中的恐惧之重要来源乃是对失败的预期。对失败的恐惧乃是现实性的，因为一般而言，失败的机会比成功的机会要大很多，而且在充满竞争的社会中，招致失败，往往意味着各种需要都会遭受挫折，它们不只是意味着经济上的破产威胁，也意味着声望地位的丧失，以及各种情绪上的挫折和打击。

为什么成功是一个如此引人入胜的现象，其理由乃是它对我们自尊的影响。不只是别人会以我们的成功程度来评价我们，就是我们自己，不管愿意还是不愿意，也会以此来做自我评价。根据目前的意识形态，成功乃是由于我们自身的内在能力，或者用宗教的名词来说，它是上帝赐福我们的可见标志。而在现实中，它取决于许多的因素，而这些因素又不是我们自身所能够控制的——例如幸运的环境，厚颜无耻的冒险举动等等。然而，由于现存的意识形态之压力，甚至最正常的人也不免要感到，如果他处世成功，他就是个人物，否则就一文不值。不必说，这反映了自我尊重乃是建基于一个不稳固的基础之上。

所有这些因素——相互竞争与它所带来的人类彼此之间的潜在敌意、恐惧、自我贬低——促使个人在心理感受上，认为自己孤立无依。即使他与别人有不少的来往，婚姻幸福美满，他的情感仍然是孤立隔绝的。情感上的孤独，是非常令人难以忍受的。如果它与焦虑不安及对自己彷徨无定、不自信的心理相结合，几乎会成为一种大灾难。

也就是由于这种情境，在我们今日文化的正常个人身上，作为补偿措施，产生了对爱的极端强烈需求。获取关爱，使人较不会感到孤立隔绝，不会受敌意所威胁，并且对自己较不会感到彷徨不定。由于它是人生的最重要需求，因此爱在我们的文化中，就被过分强调了。它变成一种美梦——正如成功一样，人们以为它是解决一切问题的灵丹妙药。爱本身不是一种虚幻错觉——虽然在我们的文化中，它常常被用来满足各种与爱全然无关的愿望，但是由于我们对它预期太多，远超过了它所能够达成的，因而使它变成一种错觉的幻象。同时我们加诸爱之上的意识形态式的强调，遮掩了那些使我们对它产生过分需求的因素。因而，个人——我所指的乃是正常的人——遂陷身于那种一方面需求大量的关爱，另一方面却又无法获得它的困境中。

至目前为止我们所陈示的情境，乃是发展孕育神经症的温床。那影响正常人的同一文化因素，例如基础薄弱的自尊、潜在的敌对心理、担忧、带来恐惧与敌意的相互竞争、对美满的人际关系之强烈追求等。这些在一定程度上，会对神经症产生更大的影响，同时在他的身上，同一结果更为强烈化，即崩溃了的自尊、破坏欲、强烈焦虑、引起焦虑及破坏冲动的强烈竞争心理，以及对关爱的过分病态追求。

我们如果记得，在每个神经症患者内心，都存在着许多其本人无法去克服和调和的互相矛盾的倾向，那么我们在心中就会引起一个问题，即是否在我们的文化中也有一些特定矛盾，潜在于典型的神经症冲突内。当然探究并描述这些文化的矛盾冲突，我们应该留给社会学家去完成。在这里我只要简短地指出并列举一些主要的矛盾倾向就可以了。

我们要提出的第一个矛盾，乃是以竞争与成功为一方，以博爱及谦虚为另一方，这两者之间的矛盾。一方面，每一件事都在鞭策我们走向成功，这意味着我们不只必须努力，而且要富攻击性，能够把别人推到一边。另一方面，我们又深深地受了基督教博爱精神的理想所影响，它要求我们不可自私，不可凡事只为自己打算，我们应谦虚，如果有人打我的左脸，要把右脸送上去，要服从。由于这一矛盾，在正常范围里只有两种解决方法，要么严肃地接受其中一种追求，而舍弃另一种，要么同时严肃地接受两者，其结果是个人在两个信念上皆受到抑制。

第二种矛盾乃是我们的需求所受到的鼓励，与我们在满足需求方面所遭受的实际挫折之间的冲突。由于经济上的理由，需求在我们的文化中，常以各种方式被鼓励、刺激，例如“标新立异的消费”、“比上不比下，与名流看齐”等宣传语与观念的刺激。然而，对大多数人而言，这些需求的实际满足，通常是相当受限制的。因此对个人的心理而言，结果是不断产生他的欲望与欲望满足之间的冲突。

还有一个矛盾存在于个人的自由与他的实际限制之间。今天的社会告诉个人，他是自由的、独立自主的，可以依照他自己的自由意志来决定自己的生活。“多姿多彩的人生”在他眼前开放，如果他努力勤勉、精力充沛，那么他就可以获得自己想要的。事实上，对大多数人而言，所有这一切可能性却是限制重重的。如俗语所说的，“我们没有选择自己父母的自由”，这种限制可以扩大到一般的人生上去——如不能选择并成就事业，不能选择消遣娱乐的方式，不能选择伴侣。由此产生的对个人的结果，乃是我们内心充满了许多矛盾的感觉，一方面自觉拥有决定自己命运的无上力量，一方面又自觉完全的软弱无能。

这些深藏于我们文化内的矛盾冲突，事实上是神经症患者努力挣扎着要去调和的冲突：他的攻击倾向与服从倾向的冲突，他的过分需求与对一无所获的恐惧的冲突，他对自我炫耀与深感个人无依无助之间的冲突。他们与正常人的分别只是程度上的。正常人能够面对和应付这些困扰，而不会损害到自己的人格，在神经症患者身上，所有的冲突皆十分强烈，使得任何令人满意的解决都成为不可能。

那些容易形成神经症的人，似乎是那些十分敏锐地体验到文化环境艰难的人，他们通常由于早年孩童经验的影响，使他们要么无法解决这些困境，要么即使解决了，也要付出人格损害的巨大代价。因此，我们不妨说他们正是今日我们文化的继子吧。

译后记

20 世纪中叶，可以说是“焦虑的时代”。两次世界大战所带给人类的不只是山河的破碎，千万人的死亡及文明的崩溃，更令人惊心动魄的是浩劫后，人类心灵的荼毒、人性的残缺、价值的幻灭以及人心普遍的空虚与焦虑、绝望及失落、生活及生命意义的沦丧殆尽。面对这史无前例的精神的崩溃及心灵的幻灭，再加上工业化及都市化所造成的紧张不安又物化的社会，人类似乎再也无法面对自己，似乎越来越沦入万劫不复的境地。这一切的苦难、一切的反常现象，迫使吾人必须重新思索人性的真相。这充满人心的仇恨、憎恶、矛盾，造成人类互相残杀的攻击性，是出之于吾人的本能，还是由于其他外在因素的影响而产生的问题，也成为吾人必须去探讨和了解的。同时人们也开始去重新反省人与人之间如何才能维持融洽和谐，社会如何才能平衡发展，什么才是人性的内涵、人生的意义及价值，以及普遍存在的疏离感是如何产生的，应如何解决。

在这种迫切情境的要求下，影响20世纪思想最巨最深的心理分析，也接受了时代的考验，从弗洛伊德的生物决定论，开始面向社会文化层面，开始探究人性的社会文化因素，但弗洛伊德的泛性观及生物机械观，并未能解释人性的全部，虽然它揭示了人的表面意识，发掘了人的内在无意识，深入了人的一切欲望、意志的根本源泉与现象。

这种由正统心理分析所发展出来，并修正弗洛伊德理论，批评弗氏的生物本能说，而以社会、文化因素来解释人格与神经症的形成的新学说，以“新弗洛伊德学派”最重要且最具影响力。

这一派学说认为：（一）要了解人性基本动因与内容，必须以文化与社会的因素，而非生物的因素来解释与探究。（二）弗洛伊德的本能说与性能理论早已过时，不足以解释人格的全面现象。（三）强调“人际关系”对不安、冲突与神经症人格形成的影响。（四）虽然承认性在人类生活中的重要性，但认为性的发展与性关系，乃依文化、社会的差异而不同。

新弗洛伊德派的主要人物是卡伦·霍尼、弗洛姆与沙利文，而其中本书作者霍尼女士可说是本派的先驱，不只是因为她的年龄在三人中最长，发表著作最早，而且也由于她最先建立且架构了许多观念。

生平与著作

霍尼于1885年诞生于德国汉堡，祖先是犹太人。她的家庭乃是当地的中上阶层，环境优越，是虔信的基督教家庭。父亲本是挪威船长，后来改入德国籍，并自己创立了一家船务公司。父亲精研《圣经》，虔信上帝。母亲则是位思想开明、作风自由的荷兰人。

霍尼在早年时，曾经一度十分热衷于宗教，喜欢高谈阔论有关宗教的问题，不过这种狂热态度乃是当时流行于大部分德国少女中的风气。

由于父亲是船长，因此霍尼在年轻时代，常常追随父亲遨游四海，行遍世界，因而她从小就对陌生、遥远的地方产生好奇和憧憬，并终身保持热情。

虽然霍尼在幼时常常伴随父亲遨游，但是她却深受母亲的影响。由于父亲经常出海在外，所以霍尼大部分时间均与她那位聪明、美丽及热诚大方的母亲在一起，沐浴在她的春风之下。

在19世纪末，风气尚未十分开放，很少有女性会学医，成为医生者，更是凤毛麟角。霍尼却由于母亲的鼓励，加上自己对医学的兴趣，在中学毕业后，即只身远赴柏林，学习医学、精神病学并接受心理分析训练。由此可见，她的勇气与热诚非常值得吾人敬佩。而在学校里，她也是个十分优秀的学生，成绩常常名列前茅。她的优异能力及卓越的人格表现，使她深得教授及男性同事的赞佩。

她在柏林求学时，认识了她的丈夫，一位柏林律师。两人在1909年、霍尼24岁时结婚，并且生育了三个女儿。然而很不幸，两人的兴趣、个性迥异，而且霍尼越来越对心理分析感兴趣，热情地参与和推动心理分析运动，导致两人逐渐聚少离多，终于在1937年仳离。这或许是所有积极、活跃、能力卓越、才华横溢的女性之悲剧吧。

霍尼于1913年获得医学学位，并在柏林完成精神病学及心理分析的训练。四年后，她发表了第一篇心理分析论文，《精神分析治疗的新技术》（“The Technique of Psychoanalytic Therapy”）。三年后，她成为新成立的柏林心理分析机构的主要人物及指导者，在此她发挥了无比的才能。此后，她出版了一系列分析女性心理的论文，并成为这方面的权威。

霍尼的大半生都在柏林度过，这段时期正处于德国的第二帝国兴起及衰亡的时期。虽然她无疑地曾受到这些事件的影响，但她自始至终对政治缺乏兴趣。在柏林，她与其他的心理分析家一样，必须接受别的心理分析家或师长的分析。她最先接受卡尔 · 亚伯拉罕(Karl Abraham)的分析，然后再接受汉斯 · 萨克斯(Hanns Sachs)的分析，这两位名家都是弗洛伊德的忠实信徒，也是大师的得意弟子。然而，霍尼并没有完全接受这两位师长的观念，她的早期经验及天赋，使她能更深入、更广博地观察、思考这方面的问题。她对 20 世纪初期兴起的科学有莫大兴趣，又受了柏林那种开放、包容的学风影响，避免了弗洛伊德的那种狭隘的视野，并奠定了她日后超脱正统心理分析的窠臼，创立社会文化学派的基石。

1932 年，希特勒已大权在握，许多犹太人皆不堪其压迫及歧视，纷纷流亡海外。在这种恶劣环境下，霍尼也只好逃难美国。她最先是芝加哥心理分析研究会的助理指导人。两年后，她来到纽约，成为纽约心理分析研究会的教授之一。1941 年后，她成为美国心理分析促进会的创办人之一。

在美国，她逐渐受到阿德勒的影响，开始改变自己的观点与思想。同时她与弗洛姆交换彼此的心得及意见，最后，终于脱离正统弗洛伊德派，建立了自己的心理分析理论。

1937 年，霍尼出版了她的第一本著作：《我们时代的神经症人格》（*The Neurotic personality of Our Time*，即本书）。在书中，她论述并分析现代人焦虑不安之心理状态的原因，将其追溯至孩童早期的生活经验，并强调心理症会受到社会、文化因素的影响，她的基本思想，皆可在此书中一见大概。两年后，她的第二本著作《精神分析新法》亦告出版，这本书奠定了霍尼在新弗洛伊德派的先驱地位。以后，直至1952年逝世为止，她先后出版了许多在心理分析学界影响甚深，也深受一般大众喜爱的著作，如《自我分析》（*Self-Analysis*，1942），《我们内心的冲突》（*Our Inner Conflicts*,1945），《神经症与人的成长》（*Neurosis and Human Growth*,1950）。此外还有她逝世后，由其门生所编集的遗作《女性心理学》（*Feminine Psychology*，1967）。

1952年，霍尼在纽约病逝，享年67岁。

主要思想与学说

霍尼的主要学说，可以说是修正并批评了弗洛伊德的心理分析说，因此她的学说有很多地方与弗洛伊德的学说大异其趣，但也有些地方同意了弗洛伊德的一些基本观念。

首先，霍尼就拒绝了弗洛伊德观念中最重要的理论——性能说，也不承认由此性能观念引申出来的一些假设，如心理性发展的阶段说、俄狄浦斯(弑父恋母)情结、性能的能量因素等概念。她虽然仍然承认性欲或性冲突很重要，但却不以为它具有普遍的重要性或其发展不可改变，也不承认它是形成心理病症的主要成因。

霍尼认为文化因素及人际之间与人内心的发展之阻碍，才是造成一般的心理病症及性机能失常的原因。在此她拒绝了弗洛伊德的生物决定论及生物本能说。

最后，她拒绝了弗洛伊德的那种以偏概全、片面、分裂的人格三构造论，而以更完整的、动态的自我概念取而代之。她认为儿童的早期经验虽然重要，但却绝不是与成年后心理症状直接相关的原因。而婴儿的态度也不见得必然是成年后行为的原型。

最后，霍尼同意弗洛伊德的心理决定论及无意识说，也认为内在情绪的冲突乃是病态焦虑及防御机制的成因，注重梦在治疗中的重要地位。

总之，霍尼修正并批评了弗洛伊德的学说，承认大师的原创性，但也指出弗洛伊德学说有四种特性：（一）生物倾向(Biological Orientation)，尤其表现于他的本能理论内，表现于他对遗传及体质因素的强调上。（二）对现代人类学及社会学知识的忽视，认为人性是普遍同一的。（三）二元化的观念(Dualistic Thinking)：如弗洛伊德把人格分化成自我与本能，生命本能与死亡本能，男性化及女性化的相对观念。（四）充满机械进化论的气息(Mechanistic-evolutionistic)：表现于他强调过去的早期经验对日后成年人的行为、心理的影响，而完全忽视了现在情境对人性的影响。

与弗洛伊德一样，霍尼也有三种人格结构说，但是她不是以本能为出发点，不把人性当作由三种人格构成：自我、本我与超我的互相矛盾、冲突的战场，而认为要了解人性，必须整体地探究人性的全面。她视个人乃是某一社会情境内的整体，既受其环境的影响，也不断影响其环境。人格的某一功能也许会表现得比较明显，但如片面地以此功能来分类，则是以偏概全，只有通过个人的全部人格层面，才能完整地了解个人。同时影响个人人格的，除了生物需求外，还包含了社会需求、行为形式、内心感受、对别人与自己的态度、自我评价及自我概念、社会价值、期望、禁制及冲突，这一切因素皆构成个人人格的部分，并不断使人格结构改变。任何因素或条件皆无法孤立存在，它们是互相影响、交互作用的。因此，霍尼把自己的人格学说称作“整体人性论”（The Theory of Whole Man），或“人格整体观”（Holistic View of Personality）。

霍尼把自我的概念分作三种：

1. 实我(Actual Self)：是个人的经验总合所构成的我。亦即自我形象(Body Image)、自我概念。它形成这一自我的因素包括需求、行为模式、基本情感反应、能力、天赋、想象力等。然而这些因素对病态心理或心理病症的影响，并不比环境、内在心灵的影响大。

2. 真我(Real Self)：这是个人内在的核心潜力，是每个人都共有的，但随个人之不同，而有不同的内容。它是建设性的成长，自动自发、活力、兴趣、能力、决心及感情深度与创造性的来源。因此霍尼认为真我是发展自由、健全人格的主要源头，是与健全、完整的人格相当的情态，也是平衡和谐、完全的形态。人格的真正内在冲突乃是人的真我与理想我之平衡，或真我与实际我之间的冲突。

霍尼主张如果环境很恰当，例如父母皆充满温暖慈爱，又能接受子女，则身体上及神经机能皆正常的子女，就会发展出健全的人格。这一观点，可说包含了乐观的、非独断性的人性及伦理哲学，而与弗洛伊德的悲观论调大异其趣。

霍尼说："在人身上，先天存在着一种不断进化的建设性努力，人借自己的本性及自己的能力，不断地努力使自己潜能得以实现及完成，同时他会由此产生出一种价值观。依此伦理观，道德的标准在于它是否以鼓舞人类的最高发展与成长、人性的完满形成，并拒斥了一切破坏性及阻碍人性发展的倾向。”这一句话，不但与弗洛伊德的死亡本能说刚好背道而驰，更开拓了日后自我心理学及人本主义心理学对自我潜能的注重，而与人本主义心理学名家罗杰斯、马斯洛的“自我实现”观相互辉映，甚至可说是他们的先驱者。

3. 理想我(Idealized Self)：这是病态的自我，它是形成神经症或病态人格的原因。人由于内心的冲突与不安，会形成焦虑。为了避免此种冲突及寻求感情的统一，个人会为自己塑造一个虚幻的理想形象(Idealized Image)：“我实在不是你们所想象的那种可怜的人，看看我的高贵形象吧：慷慨、诚实、独立自主与纯洁无瑕。这才是真正的我。”这种理想形象就是理想我，它追求傲慢、荣耀，而与个人的傲慢体系相合。这种傲慢体系包含了骄傲与自我憎恨两个层面。它是神经症及病态心理的动因。

霍尼认为神经症乃是全部人格的失调，原因有：（一）父母与子女关系的扭曲或失常。（二）个人与他人及个人与自己的关系之扭曲变形，而此种扭曲乃由内在情绪的冲突及不安所造成，以及因无意识中为避免这些冲突的破坏性影响而进行的内在努力所形成。（三）同时文化影响也在多方面发生作用，如文化的传播者或父母决定了子女的价值观、自我概念及一些行为模式。然而子女到底会顺从模仿或适应这些影响，还是反叛，完全取决于个人内在的心灵发展。如果文化要求与孩童内在的本性倾向有所冲突，则文化影响会阻碍孩童的自我认同。换言之，文化影响会决定某一特定社会的健全人格或病态人格概念，它也会影响理想自我的形成，而特殊的内在冲突也会因文化价值间的冲突而增强，或反映文化价值的冲突。换言之，神经症的形成乃受文化因素的影响，如现代的工业社会所普遍产生的神经症，乃是由于现代文化的矛盾所造成的，然而，其动因仍由基本焦虑而来。

所谓基本焦虑乃是一种以为自己“渺小、无足轻重、无依无靠、无能无力，并生存于一个充满荒谬、下贱、欺骗、嫉妒与暴力的世界”之感觉。这种感觉是在童年时，因父母未能给予他们真诚的温暖与关怀（往往由于父母本身的病态人格或缺陷）所引起的。这些孩子失去了“被需要的感觉”。而由于无条件的爱乃是儿童正常发展的最基本动因，因此那些未能得到这种爱的儿童，就觉得这世界，周围环境皆是可怕、不可靠、无情、不公平的。由于这种怀疑倾向，使他觉得个人被湮灭，自由被剥夺，于是丧失了快乐而趋向不安。同时另一方面，儿童因为年纪尚小，虽然对父母的爱心怀疑，但却不敢表露，害怕因此受到惩罚与遗弃，这种被压抑的情绪会导致更深的焦虑。结果在这充满基本焦虑的环境中，儿童的正常发展受到阻碍，丧失自尊自信，因而形成孤独、冷僻、愤世嫉俗的性格。

儿童为了逃避此种焦虑，并保护自我，自会倾向形成某些病态人格以对抗这种焦虑。霍尼将此描述如下：

1. 寻求温情(Striving for Affection)：正常人格对爱的追求，乃由于温情的基本需要。而病态人格对温情的追求却是基于“安全保证”(Reassurance)之需要：“如果你爱我，你就不会伤害我。”因此引起对关爱之过分需求，而且永不能满足。他害怕孤独，害怕讨人厌，害怕被人伤害，但他却无法真正信任他人，并往往自认为不值得被爱。他与别人的性关系表现出了强迫性质，对他而言，性乃是获得温暖与关心的手段。由于这种依赖的情绪，乃形成冲突和矛盾之因，即虽然他一直在追求爱，却永远无法施爱给别人，因而无法得到正常与满足的爱。

2. 追求权力(Striving for Power)：权势的病态追求乃起源于恐惧、不安与自卑感。此种病态人格渴望支配所有的人，独断独行，因而他的特征表现于：（一）希望在任何事情上皆高人一等，并且好与他人竞争，甚至对于与自己目标不同、利益不同的人也不例外；（二）他对权势的追求乃基于对他人的憎恶与敌对感，渴望打败别人，折磨他人或践踏他人；（三）他害怕别人的报复，但又希望受他人的喜爱及尊敬，结果陷入无法解决的困境。这种人的信条是：“如果我比你强，你就无法伤害我。”

显而易见，霍尼的这一观点，乃受阿德勒的影响，不过阿德勒认为追求权力是基本的人格动向，而霍尼则视之为许多种倾向之一。

3. 病态的逃避(Neurotic Withdrawal)：此种情绪基于病态地相信：“如果自己能自立自主，就可获得安全。”因而他寻求感情上独立于他人，逃避他人，对任何事物均漠不关心，对任何人皆保持距离，避免太多的感情，太深的情绪介入。他的信条是：“如果我逃避别人，他们就无法伤害我。”

4. 病态的依顺(Neurotic Submissiveness)：这种人由于无时不在的无助感，而趋向接受强壮有力的人之意见，或传统世俗、权威的观念。他会压抑自己所有的内在需求，使自己变得渺小，让自己被人侮辱，并避免批评他人，表现得对任何人均为“有益的”。这种人的内在意识动机是：“如果我顺从别人且帮助他，我就可以避免被伤害。”

由于基本焦虑，儿童会寻求与他人之相适应关系，并形成其人格之一部分。此人格表现有三种倾向：

1. 接近他人(Move toward People)：这种人的主要基本焦虑是无助或绝望。最后他会接受自己的无望，而设法接近别人，寻求获得他人的帮助与关心，并依赖他人。

2. 反对他人(Against People)：这种人的主要基本焦虑是敌对感。他认为敌视他人或被人敌视是理所当然、不可避免的。因此他憎恶他人，并随时准备反抗与攻击。

3. 脱离他人(Away from People)：这种人的主要基本焦虑是孤独感。他既不希望依属于任何人，也不反抗，只想远远地躲开他人，与世无争。

最后，霍尼对自我的分裂，或自我的疏离，提出了发人深省的精辟见解。她认为现代社会，由于工业文明的发展，人已成为机器的一部分，再加上现代社会各种价值观念纷陈纠结，互相冲突矛盾，人在这种矛盾的文化情境中，迷失自己，丧失了对自我的了解和认知能力，不再能体验自己的真实自我并对自我真正认同，而产生一种对虚假自我及幻象的认同。人不再能感受到外在世界的刺激，感受内在心灵的跃动，甚至变得麻木不仁，凡事只能说“你”或“他”，而不再能肯定“我”的存在、我的重要。这种自我的疏离可说是现代人的通病，是导向精神分裂的主因。

对于现代人的这种疏离倾向，以及心理病症、病态心理的治疗，霍尼注重帮助困扰的个人反抗其虚幻的理想自我意向，真正地面对实我，并发挥真我。因此她批评弗洛伊德的那种着重使过去记忆经验重现的治疗方法。她认为对过去经验的重现并非治疗的正确方法，只有对现在之洞见才是治疗的目的；对过去的记忆只有阻碍病人对自己之重新了解。这一点是霍尼女士的重要贡献，也是所有人本主义心理学家及存在主义心理分析家的坚定信念。

人唯有通过对现在的了解，对未来的希望，才有可能获得对自己、对世界的透彻洞见，才有可能在分裂且充满焦虑的情境中，重新建立完整的自我。而如何在目前的变化万千、空虚无情的社会中，为自己寻找一个立足点，寻求安身立命的所在，更是吾人必须去思索的。